规模化猪场
主要疫病防治技术

袁秀芳 李军星 主编

浙江科学技术出版社·杭州

版权所有　侵权必究

图书在版编目（CIP）数据

规模化猪场主要疫病防治技术 / 袁秀芳，李军星主编. -- 杭州：浙江科学技术出版社，2024.12.
ISBN 978-7-5739-1576-4

Ⅰ．S858.28

中国国家版本馆CIP数据核字第2024MQ5576号

书　　名	规模化猪场主要疫病防治技术
主　　编	袁秀芳　李军星
出版发行	浙江科学技术出版社 地址：杭州市拱墅区环城北路177号 邮政编码：310006 销售部电话：0571-85176593 编辑部电话：0571-85064207
排　　版	杭州万方图书有限公司
印　　刷	浙江新华印刷技术有限公司
经　　销	全国各地新华书店
开　　本	880mm×1230mm　1/32　　印　张　2.75
字　　数	60千字
版　　次	2024年12月第1版　　印　次　2024年12月第1次印刷
书　　号	ISBN 978-7-5739-1576-4　　定　价　28.00元

责任编辑　陈潇潇　　　　责任美编　金　晖
责任校对　张　宁　　　　责任印务　叶文炀

如发现印、装问题，请与承印厂联系。电话：0571-85164359

主 编

袁秀芳　　李军星

编写人员

徐丽华　　薛 银　　黄 靖　　余 斌
苏 菲　　叶十一　　孙洪超

前　言

随着我国养猪业的不断发展，特别是集约化、规模化猪场的兴起，近年来我国各地猪场疫病的发生和流行日趋严重、复杂。传统病原体的新亚型株或新血清型越来越多，变异速度越来越快，毒力越来越强，耐药菌株及混合感染也越来越多；新病原不断涌现，尤其是2018年传入我国的非洲猪瘟病毒，造成了巨大的经济损失和产业波动。这不仅对养猪生产有着深远的影响，对产业发展也提出了更高的要求。

2020年饲料"禁抗"以来，多种细菌病的流行病学发生了显著变化，防控形势不容乐观。例如，疾病的临床表现症状加剧（或出现新病型）、非典型表现增多、死亡率持续升高。此外，细菌性疫病的药物治疗效果越来越差，可选择的药物品种越来越少，这给养猪产业造成了严重的经济损失。因此，积极做好猪场疫病防治工作已成为养猪产业可持续、高质量发展的重要措施。

为了进一步加强猪场疫病防治工作，在系统总结多年来猪场疫病防治研究工作的基础上，我们编写了《规模化猪场主要疫病防治技术》一书。本书主要介绍了规模化猪场疫病防治原则、主要疫病特点和防治技术，可供规模化猪场、养猪大户及相关专业技术人员阅读参考。

　　由于猪场疫病的发生复杂多变，新的防治技术也在不断发展之中，加之我们水平有限，书中存在疏漏之处在所难免，敬请读者批评指正。

编者
2024年12月

目　录

第一章　规模化猪场疫病防治原则 / 1
一、坚持自繁自养 / 1

二、建立健全的隔离和消毒制度 / 2

三、科学及时地进行预防接种 / 4

四、加强饲养管理 / 5

五、定期驱虫 / 6

六、发现疫病要及时采取措施 / 6

第二章　非洲猪瘟 / 8
一、猪场规划及布局 / 9

二、猪群管理 / 12

三、人员管理 / 16

四、车辆管理 / 19

五、物资入场管理 / 21

六、有害生物消杀 / 24

七、废弃物处理 / 26

八、监测管理 / 27

第三章　其他主要病毒性疫病 / 28

一、猪瘟 / 28

二、猪伪狂犬病 / 31

三、猪繁殖与呼吸障碍综合征 / 34

四、猪圆环病毒2型感染 / 37

五、猪病毒性腹泻 / 40

六、猪乙型脑炎和猪细小病毒病 / 43

七、口蹄疫 / 46

八、猪流感 / 47

第四章　主要细菌性疫病 / 49

一、大肠杆菌病 / 49

二、猪链球菌病 / 56

三、猪传染性胸膜肺炎 / 60

四、猪丹毒 / 62

五、副猪嗜血杆菌病 / 65

六、气喘病 / 67

第五章　常见寄生虫病／69

一、蛔虫病／69

二、旋毛虫病／71

三、弓形体病／72

四、猪疥螨病／76

第一章
规模化猪场疫病防治原则

规模猪场疫病防治必须树立系统的观念。疫病防治技术不仅仅是打针喂药，它与饲养技术、规章制度、管理计划都有着密切的联系。如不同的饲养模式（笼养、地养）、群体大小、断奶日龄，都会改变最易发生的疫病种类；消毒、卫生、隔离制度的不同，猪场面对的疫病威胁程度也不同；配种计划（时间、批次、数量）也会影响防疫工作的侧重面。猪场疫病防治要坚持"以科学的饲养管理为中心，预防为主，防治结合"的方针。

一、坚持自繁自养

自繁自养是一个被反复强调且行之有效的防疫措施，能有效阻止外源病原体进入猪场。它既可以避免买猪时带入传染病，又能降低养猪成本。确需从外地引入种猪时，必须从非疫区引入，并将种猪隔离观察2个月以上，确认种猪健康无病时方可入舍混群。隔离期间应驱除种猪体内外的寄生虫，没有注射疫苗的应补注各种疫苗。种猪在入舍混群前必须全身喷雾消毒1次，并做好相关疾病的监测；绝不能把来源不清的种猪引入猪场。

二、建立健全的隔离和消毒制度

(一)隔离防疫制度

猪场全场员工必须建立"脏净分区"的生物安全理念并熟悉相关的软硬件配套,新进人员须经过培训才可上岗。在猪场门口建消毒设施,每排猪舍门前设消毒池。一般用2%—3%氢氧化钠溶液作为消毒液,要经常更换消毒池内的消毒液,一般每周换一次,保持有效浓度。在猪场门口、办公区及生产区入口应设洗消间,相关工作人员包括饲养员要彻底消毒并更换工作服和鞋后方可进入。严禁非工作人员进入猪场,来访人员确需进入时须执行严格洗消程序。场外车辆和用具等不准随意进场。出售猪只必须在场外进行。饲养用具和设备要专人专用,各猪舍或不同饲养员之间不得互相借用,饲养员负责各自的饲养区,不得随意走访其他猪舍。

(二)卫生消毒制度

猪舍每天清扫1—2次,并保持干燥,夏季要增加除粪次数。食槽和饲养用具应每天清洗1次,每月定期消毒1次。经常保持猪舍、用具的清洁卫生,尽力做到"四净",即猪栏净、猪体净、食槽净、用具净。

因冲洗猪的粪便等产生的污水是猪场生产中排放量最大的废弃物,如不妥善处理,不仅会对外环境造成污染,也会严重影

第一章 规模化猪场疫病防治原则

响猪场内部防疫工作的效果。目前还没有十分理想的猪场粪便和污水处理方法，现行的方法主要有沼气池发酵、制有机肥、污水发酵和还田等。不管采用哪种方法，污水处理区与饲养区都要保持一定距离，并及时将污水清理出饲养区。

病死猪是猪场内部病原体污染的最主要来源之一，其含毒（菌）量最高，且毒力相对较强，因此必须对病死猪进行无害化处理，通常可选用深埋、沼气池厌氧发酵或高温蒸煮等方法进行处理。如需在场内解剖病死猪，则必须在专门的解剖区域进行解剖，解剖后对解剖区域和解剖人员进行彻底消毒。须设立专门的解剖场所，并对该场所的地面、墙面进行硬化处理，确保血液、尿液等液体不会渗漏，以保证后期消毒效果。如发现疑似非洲猪瘟等烈性传染病，则不得在场内解剖，以免污染场内环境。

为了保障猪群能够健康成长，除了定期做好预防接种工作，药物消毒预防工作也是非常必要的。常用的消毒方法有以下4种。

1. 定期清扫饲养区地面，排出污水，填平洼地。每季度进行一次大消毒，可用2%—3%氢氧化钠溶液、10%—20%石灰乳或1%—10%漂白粉等进行消毒，泥泞区域可撒一层干石灰或草木灰。猪舍及饲养区墙壁可用10%—20%石灰乳涂刷消毒。

2. 一批猪出栏后，应先清除空猪舍内的所有污物，用清水冲刷墙壁、地面，待干燥后用2%—3%氢氧化钠溶液喷洒墙壁、地面以进行消毒。空舍一周，清水冲洗并待其干燥后方可再进猪。产房和仔猪舍使用前最好用火焰喷灯消毒或用福尔马林熏蒸消毒12—24小时，再开窗通风。

3. 新购进猪合群、仔猪断奶、仔猪转群以及分娩母猪进产房时均应进行猪体消毒。猪舍定期带猪消毒，夏季猪舍至少每个月全面消毒2次，冬季每个月1次。常用消毒药物有0.2%过氧乙酸溶液或0.1%百毒杀溶液或0.05%苯扎溴铵溶液等。

4. 饲养用具每天一清一消一洗。可用0.1%苯扎溴铵溶液或2%氢氧化钠溶液等消毒，再用清水冲洗干净，晾干备用。以普通河水作饮用水时，一般用漂白粉消毒处理，方法是将含5%氯的漂白粉澄清液0.5—4升加入一吨河水中混合后处理12小时。

以上是一般性消毒措施。在实际工作中，应根据猪场实际情况灵活消毒，特别是遇到某些传染病发生时，要针对传染病的特点，选择最佳消毒药物和消毒方法进行消毒。

三、科学及时地进行预防接种

疫苗种类的选择应根据本地、本场的具体流行疫病种类确定，因场制宜。仅以经验或疾病流行规律为依据，都带有很大的盲目性和随意性，提倡免疫接种程序的制订要以血清学检测为依据。常规应接种的疫苗包括猪瘟、猪伪狂犬、猪口蹄疫等疫苗，种猪还应特别考虑乙脑疫苗和细小病毒疫苗的接种，另外需根据本场情况进行猪支原体肺炎疫苗、猪圆环病毒疫苗、猪增生性肠炎疫苗、猪传染性胸膜肺炎疫苗、猪链球菌病疫苗、副猪嗜血杆菌疫苗等疫苗的接种。

四、加强饲养管理

在饲养管理上，要认真做好各项工作，抓好各个环节。根据猪的品种、性别、年龄、体形、饲养目的等，确定饲养标准和饲养方法，以保证猪只的正常发育和健康。

1.实行分群、分阶段饲养。按猪的品种、胎次、性别、年龄、强弱等分群饲养。母猪要根据不同的生长阶段确定饲养标准，分阶段饲养。

2.创造良好的饲养环境，猪舍要阳光充足、通风良好、温湿度适宜、排水通畅，以保证猪只健康成长和繁殖，并能预防各种呼吸道疾病、消化道疾病、皮肤病的发生。

3.饲喂全价营养饲料，并根据猪在不同生长阶段的营养需求进行调整。在妊娠期和育肥期分阶段饲养，合理搭配各种营养物质，满足猪在生理和生产上的需要，充分发挥其生产性能，保证饲料有较高的转化率。

4.供给充足的饮用水。有条件的猪场，应设置自动给水装置。只有满足饮水量和保持饮用水清洁无污染，才能保证猪只的正常代谢，维持猪只的健康水平。

5.尽早给仔猪吃上初乳，选择适宜的断乳日龄。仔猪断乳的顺利与否，不但会影响猪的成活和生长发育，而且对母猪的健康也有很大影响。

五、定期驱虫

猪场的驱虫工作，应根据当地猪寄生虫病的流行情况及本猪场寄生虫病的种类，选择最佳驱虫药和适宜的驱虫时间，制订周密的驱虫计划，有计划地进行。驱虫的同时要注意用药前后环境中的杀虫和灭鼠工作，防止重复感染。虻、蝇、蚊、蜱等节肢动物都是家畜疫病的传播媒介，因此杀灭这些昆虫，在猪病预防和扑灭方面都有重要意义。杀灭昆虫应选择合适的时间和方法，并使用低毒高效的杀虫剂，同时要考虑杀虫剂对环境的影响。

鼠类是很多传染病的传播媒介，因此杀灭老鼠也是预防传染病的重要手段。消灭老鼠的方法有很多，一般采用机械灭鼠法和药物灭鼠法，在实际工作中应灵活运用。

六、发现疫病要及时采取措施

1.及时发现、诊断和上报疫情，并通知邻近猪场做好预防工作。兽医技术人员每日深入猪舍，巡视猪群，对猪群中发现的病例应及时做出诊断，不能明确诊断时，应做实验室检验，以便更好地制订防治措施。

2.迅速隔离病猪，紧急消毒受污染的猪舍。当发现新的传染病或口蹄疫等急性、烈性传染病时，应立即封锁猪场。根据病猪具体情况，将其转移至病猪隔离舍进行诊断和治疗，或将其焚烧和深埋。

3. 对全场猪舍强化消毒，对假定健康猪进行紧急预防接种。生产区禁止猪群调动，禁止购入或售出猪只。在最后一头病猪痊愈、被淘汰或死亡后，若全场猪舍经过该病的最长潜伏期且无该病新病例出现，则在进行大消毒后方可解除封锁。

4. 根据疫病情况进行适当治疗。适当治疗一方面可减少病猪死亡，另一方面也可消除传染源。治疗时要考虑治疗的价值，如果治疗费用高于猪本身的价值，或者治疗对疾病恢复起不到明显效果，应考虑淘汰病猪，做无害化处理。

治疗方法有特异性高免血清治疗和药物治疗。血清治疗是一种人工被动免疫，会随代谢作用逐渐减弱，应适时接种疫苗。另外，血清成本高、使用量大，且容易传播其他疾病，因此应用并不广泛。临床上应用最多的是药物治疗。使用药物时，应避免长期使用同一种类药物，避免某些病原体产生耐药性；尽量选用长效药物，减少投药次数，节约成本和时间；选用效果好、价格低、副作用小、投药方便的药物。在能达到相同或相似治疗效果的前提下，应先选"老药"，再选"新药"，先选"窄谱"抗生素，再选"广谱"抗生素，注意药物的配伍禁忌，使用前应详细阅读使用说明书。

第二章
非洲猪瘟

2018年,非洲猪瘟传入我国并迅速蔓延,成为严重威胁我国养猪业健康发展的"头号杀手"。非洲猪瘟病毒(ASFV)的基因组较大,目前仍有一半以上的非洲猪瘟病毒编码蛋白的功能尚不清楚,还没有有效疫苗可以使用,这给非洲猪瘟的防控带来极大挑战。

为稳定生猪生产、保障肉品供给,在尚无有效治疗药物和预防疫苗的情况下,开展以构建生物安全管理体系、落实生物安全管理措施为核心的非洲猪瘟无疫小区建设已成为防控非洲猪瘟的一项重要举措。控制传染源、切断传播途径、保护易感动物是实施生物安全措施的目标,也是建设非洲猪瘟无疫小区的主旨。

在政策层面,可以根据非洲猪瘟的特点制定相应的法规,如规范生猪及其产品的长距离跨区域运输,加强生猪上市检疫,严格病死猪的无害化处理等,以有效阻止非洲猪瘟的跨区域传播。本章主要介绍以生猪生产为主体的非洲猪瘟综合防控技术,不涉及政策法规等内容。

第二章　非洲猪瘟

一、猪场规划及布局

(一)外围设施

1.围墙。

猪场要有明确的外部边界,边界处应有硬隔离设施,如围墙,有条件的猪场可以在外围加修一道围墙,以防止野猪等野生动物靠近生产区。

2.洗消中心。

有条件的猪场可以在距离猪场较近(建议3公里)的地方建立洗消中心。对来场的车辆及司乘人员进行严格消毒。建设标准可以参考2020年4月发布的《浙江省生猪运输车辆区域性洗消中心建设与运行指南(试行)》。

3.售猪中转站。

有条件的猪场可以在距离猪场一定距离(建议3公里)外设立售猪中转站。生猪出售时,用内部专用售猪车将生猪运送至中转站,生猪经中转月台转移至买猪车,避免买猪车靠近猪场生产区,降低感染风险。

售猪中转站的建设应满足以下基本要求:

(1)买猪车和售猪车全程不能有任何物理接触。

(2)买猪人员和售猪人员全程不能有任何物理接触。

（3）猪只单向流动，流动方向从售猪车经中转区域向买猪车移动，不得逆向移动。

（4）地面、台面要做硬化处理，售猪一侧的高度要略高于买猪一侧，以便于消毒。

（二）内部布局

猪场在建设时或改建后应配备隔离舍、饲料仓库等功能设施，相关设施设备的建设必须满足相应的防疫要求，以利于非洲猪瘟的防控。

1. 隔离舍。

猪场应配备引种专用隔离舍及病猪隔离舍，隔离舍应建在常年主要风向的下风向处。引种专用隔离舍应位于繁殖区一侧的外围，并且相对独立。病猪隔离舍应位于育肥区一侧的外围，并且相对独立。隔离舍应由专人负责饲养和管理，配备专用饲养用具等。

2. 饲料仓库。

饲料仓库应设置在靠近猪场围墙的位置，猪场还应在围墙外侧设置卸车月台，便于饲料车停靠卸车。饲料仓库内应安装空调或除湿机，保持仓库内部干燥，防止饲料及其原料发霉变质，从而保障生猪的健康。有条件的猪场应在靠近猪场围墙处设置中转料塔。

第二章 非洲猪瘟

3. 人员物资消毒通道。

在猪场大门及生产区入口都必须配备人员及物资的消毒通道。日常条件下，大门呈封闭状态，并在醒目位置设置"无关人员不得进入"等标识。

人员消毒通道可根据需要设置多通道淋浴室。淋浴室前脱衣和淋浴后穿衣必须在淋浴室两侧的不同房间进行，且每个淋浴通道都必须配备两扇门，一扇仅供进入，另一扇仅供外出。有条件的建议配置单向门，防止人员反向流动。

淋浴室需配备足够的专用洗发水、香皂或沐浴露等泡沫洗涤剂，此外还应配备毛巾、拖鞋等必需品。毛巾、拖鞋等非一次性用品，用完后必须经过消毒才能再次使用。

疫苗、兽药等生产必需品，外出采购及休假返回人员的随身衣物和生活必需品等物资必须经过消毒通道消毒后才能入场。根据物资的相应特点，选择合适的消毒方式，如高温消毒、紫外线消毒、臭氧消毒、喷洒消毒剂等。

4. 病死猪堆放冷库。

猪场应配备冷库，用来暂时存放本场的病死猪。冷库应位于猪场围墙附近，便于外来无害化处理车辆收集病死猪。冷库应设置两扇门，一扇位于猪场内侧，另一扇位于猪场外侧。有条件的猪场可以配备病死猪中转车，将病死猪运至场外合适的位置进行交接。

(三)净区和污区

猪场可根据实际情况划分净区和污区,一般有两种模式。一是将场区所有范围视为净区,场外为污区。二是将生产区视为净区,办公区及生活区视为灰区(过渡区域),场外为污区。

净区和污区之间必须有明确的界线并设有实心围墙,还要设置专用消毒通道供人员、物品等进场。污区向净区流动的所有人员、物品、猪只等都必须经过消毒、检测等生物安全措施,降低场内感染风险。

在场区内外,应视情况在猪场或猪舍两侧设置相对独立的净道和污道,净道和污道互不交叉、不重叠。运输饲料、内部转猪等走净道,运输粪污、病死猪等走污道。

二、猪群管理

猪群的移动往往是引起非洲猪瘟爆发的原因之一。一方面是因为猪群移动过程中需要有人的参与,与人类接触的机会大大增加;另一方面是因为猪群在移动过程中与道路、车辆等外界环境及设备的接触增多,增加了感染机会。因此,在猪只的移动,尤其是涉及场内外时,需要引起足够的重视,并采取相应的生物安全措施,将风险降至最低。

(一)引种管理

引种过程是做好生物安全的关键控制点之一,猪场应根据实际需求，尽量减少引种次数。为追求更大的经济利益而盲目引种，可能会得不偿失。因生产需要确需引种的，必须做好全程的生物安全防控措施。

引种前需要进行周密的准备，尽量选择较近的种猪场进行引种，避免长途运输的潜在风险。引种所用车辆应提前做好充分消毒，并空置一定时间；引种路线要做好规划，尽量避开沿途养殖场较多的路线。

不从非洲猪瘟发病场引种，引种前必须对所有预引进猪只进行非洲猪瘟抗原抗体检测。任意一项检测结果阳性，均不能引种；检测结果阴性的种猪应尽快进行引种。

引种时需注意天气情况，尽量避开大风大雨等不利天气。引种运输途中应尽量减少在高速服务区等地的停车次数。在进场前，要对车辆外表做充分清洗及消毒；猪只进入隔离舍后，应对场内猪只和车辆途经线路等相关区域进行彻底消毒。有条件的可以设立引种月台，或购买引种接驳车，以减少外来车辆进场的次数。

猪只进场后，必须在引种专用的隔离舍进行隔离饲养。隔离舍由专人负责饲养，配备专用工具，隔离舍任何人员和物品不得与其他生产区共用或交叉使用。隔离饲养期至少20天，即超过一个最大潜伏期。建议隔离饲养40天，确保引种猪只健康后，再进行并群饲养。

隔离饲养一周后，需采集猪只的唾液、鼻拭子或尿液等进行非洲猪瘟病毒监测，做到早发现早淘汰。隔离结束时，需再次采样进行检测，确认非洲猪瘟病毒阴性后，即可并群饲养。

（二）外购精液

精液应从非洲猪瘟阴性的种猪场购买，运输途中要全程全封闭控温。进场时除去外包装，并对内包装表面进行消毒。使用前进行抽样检测，非洲猪瘟病毒检测阴性的，方可使用。有条件的猪场推荐在精液进场前对精液进行抽样检测，合格后再进场。

（三）内部转群

避免在大风大雨天气转群，转群前应对猪只需要经过的道路进行消毒处理。建议有条件的猪场设立密闭赶猪通道，以降低感染风险。赶猪时进行分段式驱赶，每个养殖人员只负责自己工作范围内路段的驱赶。生猪进入其他养殖人员的工作范围后，则由该范围内的相应人员进行驱赶。转群过程中应避免动作和声音过大，避免引起猪群骚动及逃窜，减少应激。应采取适当的措施以保证已进入下一个区域的生猪不能再返回本生产区域，保证猪只在场内的单向流动。猪群完成移动后，要再次对相关道路及区域进行消毒。

（四）生猪出售

售猪环节的生物安全至关重要，需要售猪台等相应的硬件建设，再加上严格的管理和深入人心的生物安全意识才能将风险降至最低。此外，应尽量集中出栏，减少售猪次数，避免在大风大雨等恶劣天气售猪，以降低感染风险。

售猪时应采取如前所述的分段式赶猪法，有条件的猪场可以建立专用售猪通道。猪场内部工作人员只负责将猪只赶至猪场围墙界限，围墙外的磅秤和月台处需要猪场派专人负责驱赶。整个赶猪过程中，应采取如设置单向门等措施保证猪只的单向流动，尤其是出场的猪只不能再返回场内。由任何因素导致无法销售的出场猪只，都不得再回到场内，必须在场外做妥善处理。

售猪过程应严格管理，人员不交叉、不串岗。场内人员不能越过自己负责的生产区域，更不能越线至场外，场外人员也不能越线至场内。场内及场外人员不能有任何形式的直接接触，如握手、递烟等行为。如不慎发生场内人员越线至场外的情况，该人员须在场区大门处淋浴、更换衣服后才可重新返回生产区。如有场外人员越线至场内，应立即在其活动过的区域实施严格消毒，消除隐患。

售猪后应对涉及的区域进行重点消毒，与分段式赶猪相对应，进行分段式消毒，相应人员负责自己职责范围内的消毒工作，不得跨区域作业，尤其是场内、场外消毒需要的物品均不能混用或交叉使用。

（五）病死猪无害化处理

常规病死猪应通过生产区污道运送至冷库暂存，要通过靠猪场内部一侧的门或窗将死猪丢进冷库，人员及车辆应尽量避免进入冷库。外部无害化处理车应通过靠猪场外侧的门将死猪装入车中。

对于只有一个出入口的冷库，建议采用接驳车、传输带、月台等方式将病死猪转移至场外，避免外部无害化处理车进场。采用此种方式处理病死猪的猪场，需要安排专人负责，该负责人员不能进入生产区的其他区域。如需进入，必须按照常规人员进入猪场的流程，隔离淋浴、更换衣物后才可入场。

应尽量避免场内解剖疑似患非洲猪瘟的病死猪，可以采集鼻腔、口腔等拭子用于实验室检验。病死猪用密封袋或塑料布包裹后，暂存于冷库。

病死猪移除后，其涉及的圈舍、运输车辆、道路、人员等须进行相应的消毒，才能再次使用或返回工作岗位。

三、人员管理

人员的进出是猪场生物安全防控非常重要的关键点之一，操作不当可能会导致猪场暴发疫病。因此，必须制订严格的人员管理制度及操作流程，以保证人员进场的安全以及场内人员的有序流动等。

(一)生物安全意识的培养

生物安全意识的培养是一个长期的过程。猪场全体员工，尤其是新进员工，需要定期开展生物安全培训，培养生物安全意识，学习生物安全操作规范。只有生物安全意识深入人心才能保证生物安全措施的有效落实。

(二)人员入场

人员必须经场区大门入场通道进场，不得从其他出入口进场。

入场时须淋浴并更换场内衣服。淋浴前须将除近视、远视等矫正视力的眼镜以外的随身衣物及装饰物全部脱下或取下，包括戒指、项链等首饰。此外，强烈建议入场人员在淋浴前剪短手指甲、脚指甲及头发等，以便进行彻底清洗。所有随身物品，须经物品消毒通道消毒后，才可入场。淋浴时必须用洗发水、香皂或沐浴露等对全身上下进行充分洗涤，尤其是头发、鼻孔、耳廓、指甲、指缝、脚等部位需要重点清洗。切忌仅用清水冲洗，而不用洗涤剂清洗。洗完后，应仔细检查，如指甲缝等处不能有肉眼可见的污渍。佩戴眼镜的人员，必须在淋浴时用泡沫洗涤剂对眼镜进行彻底清洗，应重点注意对螺丝、铰链等缝隙处的清洗。洗完后必须直接转移至更衣处，不能再返回脱衣间，如不慎返回的，须经再次淋浴才能入场。

人员入场后需在生活区进行至少2天的隔离，隔离期间严禁四处走动。隔离结束后须再次淋浴、更换衣物才可进入生产区。有条件的猪场，可以在人员入场前在合适地点进行隔离检测，重点对指甲缝、手机、鞋底、衣袖、箱包表面等进行采样。检测阳性的人员不得入场，检测阴性的允许按照正常入场程序进场。

猪场实行封闭管理，内部员工未经允许不得外出。休假或因事确需短暂外出的，应在外出期间注意避开猪场、屠宰场、动物交易市场、兽医诊疗场所、兽药饲料门市部、农贸市场（菜场）等地点。外出返回时不得携带腌肉、香肠、含猪肉（猪油）的速冻食品等猪肉及其制品。外出人员返场必须按照人员入场的要求，淋浴并更换衣物后才可入场。进场后，在生活区按规定进行隔离、再次淋浴更衣后方可上岗。

（三）内部人员流动

原则上生产区内部人员各司其职，不得串岗。确需流动的，必须做好生物安全措施，经淋浴、更换衣物后才能进入其他工作区域。

管理人员、技术人员、维修人员等确需在生产区内部的不同区域之间走动的，应按照从高级别生物安全区域向相对低级别生物安全区域的顺序进行。生产区内生物安全级别从高到低依次为公猪舍、分娩舍、配怀舍、保育舍、育肥舍、出猪台。出猪台是生产区内外交流的一个重要窗口，被病毒污染的可能性较大，建

第二章 非洲猪瘟

议在此区域活动过的人员，应在场区入口处按照人员进入场区的相应规定进场。

员工宿舍应按照生产区相应的内部区域分区管理，在同一区域工作的人员应在相应的同一宿舍区就近居住。不同工作区域内的工作人员应尽量避免在生活区相互接触。夫妻同住的人员原则上应安排在生产区同一区域工作。

四、车辆管理

车辆与猪只、饲料、被污染的地面等接触频繁，容易被病毒污染，是非洲猪瘟病毒的常见物理载体。由于车辆活动范围广、结构复杂、不易彻底清洗及消毒等特点，针对车辆的生物安全措施要更加严格才能有效阻止病毒的传播。

（一）饲料运输车

饲料及其原料运输车要停靠在指定位置卸车，建议在中转料塔或围墙处卸车月台卸车。确实需要进场卸车的，须对车辆表面进行消毒，尤其应对轮胎部位重点消毒，进场前须拿掉覆盖在车厢顶部的篷布。应规划场区门口至饲料仓库的专用道路，场区内其他工作人员及车辆均不得交叉使用此路。车辆禁止直接驶入仓库内部，应在仓库门口或月台停车。

（二）售猪车

外来买猪车应在来场前进行彻底清洗、消毒，未经消毒的车辆不得停靠场区售猪月台。通过中转站售猪的猪场，应配置专用中转车辆，中转车辆不得挪作他用，售猪后应对中转车辆进行彻底消毒，干燥后空置至下一次使用。

（三）病死猪无害化处理车

社会化病死猪处理车原则上不允许进入猪场，应停靠在围墙外，场内可通过接驳车、履带、传递窗等方式送至场外。有条件的猪场可自备无害化处理车，将病死猪运送至猪场外合适位置进行中转。每运送一次病死猪，车辆都要经彻底清洗、消毒、空置后才能进行下一次作业。

社会化病死猪运输车确需进入场区的，应规划相应的专用通道，该通道相对独立，不与生产区其他道路交叉，仅供病死猪运输使用，每次使用完毕后进行彻底消毒。自备无害化处理车需要在场区内部装车的也需要按照本方法进行。

（四）生产区内部车辆

内部车辆应根据生产需要，实行专车专用，原则上不得跨区域使用。确需跨区域使用的，严格遵守净道、污道区分的基本通行规则，从生物安全级别较高的区域向生物安全级别较低的区域流动，通行过程中应尽量保持车身清洁，以降低跨区域污染风险，车辆使用完毕后要进行清洗、消毒。

（五）其他车辆

其他社会化车辆原则上不得进入猪场，来访人员的车辆须停放在场区外合适位置。

因生产需要确需进场的其他车辆，要在充分清洗、消毒、干燥空置后才可入场。进场后须严格按照规定路线行驶，作业完成后须对涉及的相关区域进行充分消毒。

五、物资入场管理

猪场涉及的生产生活物资品种多，来源广泛，因此，这些产品进场的消毒工作需要引起足够的重视。所有的进场物资都需要经过合适的方法进行消毒处理，无法采用任何方法消毒的，需要设置一定的进场隔离期，并在隔离期内进行采样检测，检测阴性后方可入场，以满足生物安全的要求。

（一）饲料

通过中转料塔自动卸料的猪场，建议要对中转料塔及料车接口处进行消毒处理。通过人工卸料的猪场，进入场区后及卸车过程中驾驶员全程不能下车，由饲料仓库内部相关人员进行卸车。如果是全封闭车厢，操作前应对车辆表面，尤其是车厢门及门把手处进行消毒。卸料过程中，卸车工人最远只能进入车厢内部，不能在车辆轮胎经过的地面活动。车辆驶离后，应由专人对所涉及的道路进行消毒。参与卸车的仓库相关工作人员须淋浴、更换衣服后才能再次进入工作岗位。

为降低风险，建议每次购买足够多的饲料及其原料，降低购买频率。饲料进入仓库后，应保持干燥。有条件的猪场，应在上一批饲料进仓和下一批饲料进仓之间留足15天的缓冲期，即每批饲料进入仓库后先干燥保存15天再使用，以降低由饲料及其原料污染带来的风险。有条件的猪场，可以在预留的饲料缓冲期内，对新进饲料及其外包装进行采样检测，将风险控制在最小范围。

（二）疫苗、兽药

疫苗、兽药等有正规塑料或玻璃包装的产品，可以用含氯消毒剂等喷洒、浸泡的方式进行消毒。消毒后需对包装表面尤其是瓶口进行清洗，防止消毒液残留，影响产品使用效果。疫苗等需要低温保存的物品，不能在外停留时间过长，消毒后应迅速转移至场内固定存放点低温保存。有多层包装的物品，可在进场时先拆掉最外层包装，再进行消毒。尽可能做到每层包装都有相应的消毒措施。

（三）劳保用品

猪场应每次尽可能多地采购劳保用品，以减少采购次数。非休假员工需要采购个人用品的，由公司专人定期统一采购。所有进场劳保用品可以通过紫外线照射、臭氧消毒等方法进行消毒。

(四)粮食蔬菜

大米、食用油、佐料等可以储存较长时间的生活物资建议单次大量采购,集中存放。进场时外包装要经紫外线照射或臭氧消毒,进场后置于干燥处空置2周后再使用。

蔬菜水果等鲜食材料可用臭氧水浸泡等方法进行消毒,但在夏季浸泡过的鲜食材料容易腐烂,需要当天食用。有条件的猪场可以在场区内部种植所需蔬菜,做到自给自足。需要外购的,外购食材原则上应由猪场食堂统一处理,烧熟后分发至各工作区,不能将生鲜食材直接分发给场内员工自行处理。

肉类食品难以做到彻底消毒,因此,原则上冷冻食品及鲜肉不能进场,可采用外购熟食,进场后加热的方法。确需外购生鲜肉类的,进场后的处理要引起足够重视,进场时需严格密封,并对外包装彻底消毒。进场后沿专用规划路线直接进食堂保存或熟化,处理肉类食品后,需要用紫外线照射或臭氧消毒等方法对厨房进行消毒。切忌外购任何猪肉及其制品,有条件的猪场可采取屠宰场内健康育肥猪的方法解决,严禁屠宰、食用病猪。

(五)设施、设备

进场设施、设备及用具能够通过清洗及喷洒消毒剂消毒的,则通过化学方法消毒。能够接受高温的,可以通过加热等方法消毒。其他设施、设备及用具可以通过紫外线照射、臭氧消毒等方法进行消毒。无法通过常规方法消毒的，可以干燥隔离15天后再使用。

六、有害生物消杀

（一）野猪

猪场所在地区有野猪存在的，必须重视提防野猪。加强对猪场周边的巡视，发现围墙破损，应及时修补；发现野猪，应及时驱离；发现野猪尸体，要高度重视，尽快用密封容器将尸体运走并进行无害化处理，对尸体所在位置及场区周边进行消毒处理。有条件的猪场可在围墙外的适当位置设立铁丝网或实心墙，防止野猪靠近。

（二）猫、鼠

灭鼠的办法有很多，如器械灭鼠、药物灭鼠、机械防鼠等，猪场可以根据实际情况，选择合适的灭鼠方法。需要注意的是，猪场应及时检查并清除老鼠尸体，防止被野猫偷吃，造成场地污染。

猪场应禁止饲养家猫，也要防止野猫。野猫活动范围广，是肉食性动物，可能经常出入场内外，或从一个猪场迁移至邻近的另一个猪场。若猫在场外吃了因感染而死亡的野猪或家猪尸体，则容易机械带毒，造成场区污染。此外，猫也是弓形虫等病原体的宿主，是猪场的重要生物安全隐患。

（三）鸟类

鸟类可能会在猪场区内采食饲料、灌木或果实等。在猪场停留期间，鸟喙、羽毛、爪子等部位可能会因沾染受污染的饲料、含病毒的排泄物等而机械带毒。由于鸟类可以远距离迁徙，可能会在距离较近或较远的不同猪场停留，因此存在跨区域或跨猪场传播病毒的风险。

猪场内尤其是生产区内应避免种植高大树木，降低鸟类的停留概率。避免种植浆果类植物及其他灌木等，以减少对鸟类的吸引。此外，应在猪舍门窗、屋顶通风系统等开口处安装窗纱、门帘等可以挡鸟的设施，防止鸟类进入猪舍。有条件的猪场可以安装防鸟网，或专用驱鸟装置等，以减少鸟类靠近。

（四）蚊蝇和寄生虫

蚊蝇及寄生虫虽小，但数量众多，活动频繁，不仅会影响猪只正常进食、休息，而且可能携带大量病毒，加速疾病在场内的扩散和传播。因此，猪场应重视对蚊蝇和寄生虫的消杀，减少疾病传播。灭蚊蝇的方法较多，如安装纱窗及灭蚊蝇灯、喷洒药物等。此外，还应重视从源头灭蚊蝇，注意粪便的清理及无害化处理，如可以通过在饲料及粪便中添加环丙氨嗪等药物的方法来杀灭苍蝇幼虫。猪场可以根据自身情况选用合适的方法。

猪场应重视驱虫工作，尤其是体表寄生虫，它可以通过吸血引起猪只消瘦。软蜱等寄生虫还是非洲猪瘟的传播媒介，猪场应在它们活动的区域及季节（除冬季外）进行重点驱虫。除可以饲喂伊维菌素等高效低毒驱虫药外，还可以外用（喷洒）辛硫磷等体表驱虫药。此外，要保持场内清洁卫生，可通过喷洒辛硫磷等药物来降低环境中的寄生虫载量。

七、废弃物处理

（一）粪污

粪污中可能含有大量病毒、致病菌、寄生虫及苍蝇卵等有害生物，是重要的疾病传染源，因此要进行妥善处理。由于粪污体量较大，因此一般采用堆肥发酵、沼气发酵、烘干等方式进行处理。病猪的粪尿需要特别重视，可以通过添加生石灰等消毒药物消毒后再进行后续处理。具体处理方法和标准可参考《畜禽粪便无害化处理技术规范》（GB/T 36195—2018）。

（二）疫苗、兽药废弃物

使用后的疫苗瓶、兽药瓶、输精瓶、塑料输液软管及一次性注射器等生物或医疗垃圾，应妥善处理。严禁随意丢弃，应集中收集，统一处理。可以根据其材料性质选择煮沸、高温烘烤、焚烧、消毒剂浸泡等方法进行处理。

（三）生活垃圾

猪场内部食堂的餐厨剩余物严禁喂猪，应每日集中进行无害化处理。食堂废水应集中收集并进行消毒处理。其他生活垃圾应及时清理，定点堆放，定期统一运出场外处理。

八、监测管理

为了防止非洲猪瘟病毒进入猪场和及早发现疫情，建议有条件的猪场开展非洲猪瘟监测工作。

（一）常规监测

根据猪场所在地周边疫情情况，每间隔7—20天对猪场传达室、办公室、饲料间、兽医室等地进行采样监测。

（二）针对性监测

针对猪场饲养人员返岗前、物品进场前、卖猪后的出猪台、饲料运输车停放地等情况进行专门监测。

（三）发病猪监测

猪只发生厌食等任何异常症状或死亡时，要第一时间进行非洲猪瘟监测，检测结果呈阴性后再进行剖检、实验室确诊，做到对症治疗。

第三章
其他主要病毒性疫病

一、猪瘟

猪瘟（CSF）是由猪瘟病毒引起的一种高度接触性传染病，是当前养猪业安全生产的重大威胁。各种年龄猪只均可发病，一年四季流行，传染性极强。猪瘟病毒对低温有较强的抵抗力，冷冻肉中的病毒可存活数年；对热的抵抗力也较强，在72—76℃环境中需经过1个小时才会失去传染力。猪瘟病毒对碱性消毒药物最为敏感，如氢氧化钠、石灰乳等。

猪瘟有两种临床表现类型：即暴发型急性猪瘟和温和型猪瘟。暴发型急性猪瘟由强毒所致，其特征为急性经过，高热稽留，发病率和死亡率都很高；体温41—42℃，猪耳、鼻、四肢、腋下及尾部有红色或紫色出血点或出血斑（图1）；器官组织出血、梗死和坏死；淋巴结肿胀，呈深红色至紫红色，切面呈红白相间的大理石状外观；脾一般不肿胀，脾边缘有出血性梗死灶；肾土黄色，出现大量的出血点或出血斑（图2）。温和型（非典型）猪瘟由弱毒感染引起，或是免疫猪感染强毒后引起，无典型临床表现。体温时高时低，精神不振，食欲不佳，便秘与腹泻交替出现。怀孕母猪感染非典型猪瘟后，可通过胎盘感染胎儿，导致母猪繁殖障碍，产出弱仔猪、死胎、木乃伊胎等，存活仔猪终生带毒并形成免疫耐受，接种疫苗不能建立抗体应答，但可散毒。

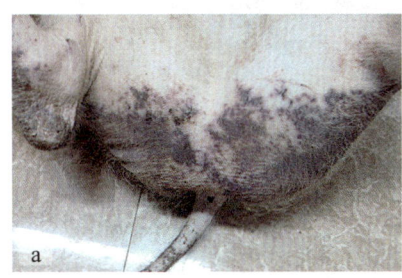 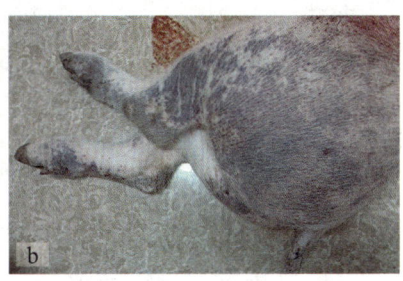

a.臀部体表出血　b.后肢皮肤出血
图1　暴发型急性猪瘟临床症状

猪场一旦发生猪瘟，应尽早做出诊断，只有在爆发前紧急接种疫苗才能控制，否则巨大损失将不可避免。非典型猪瘟病程复杂，并且多与其他传染病混合感染，确切诊断比较困难，必须采

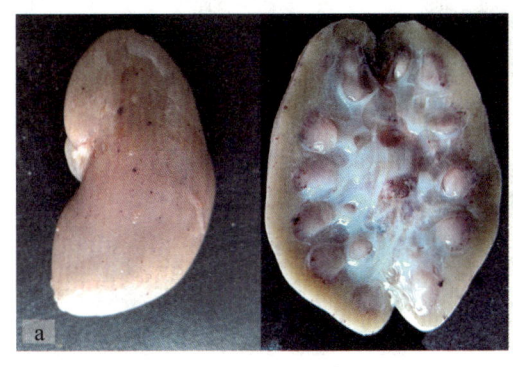 

a.肾出血　b.膀胱出血
图2　暴发型急性猪瘟病理变化

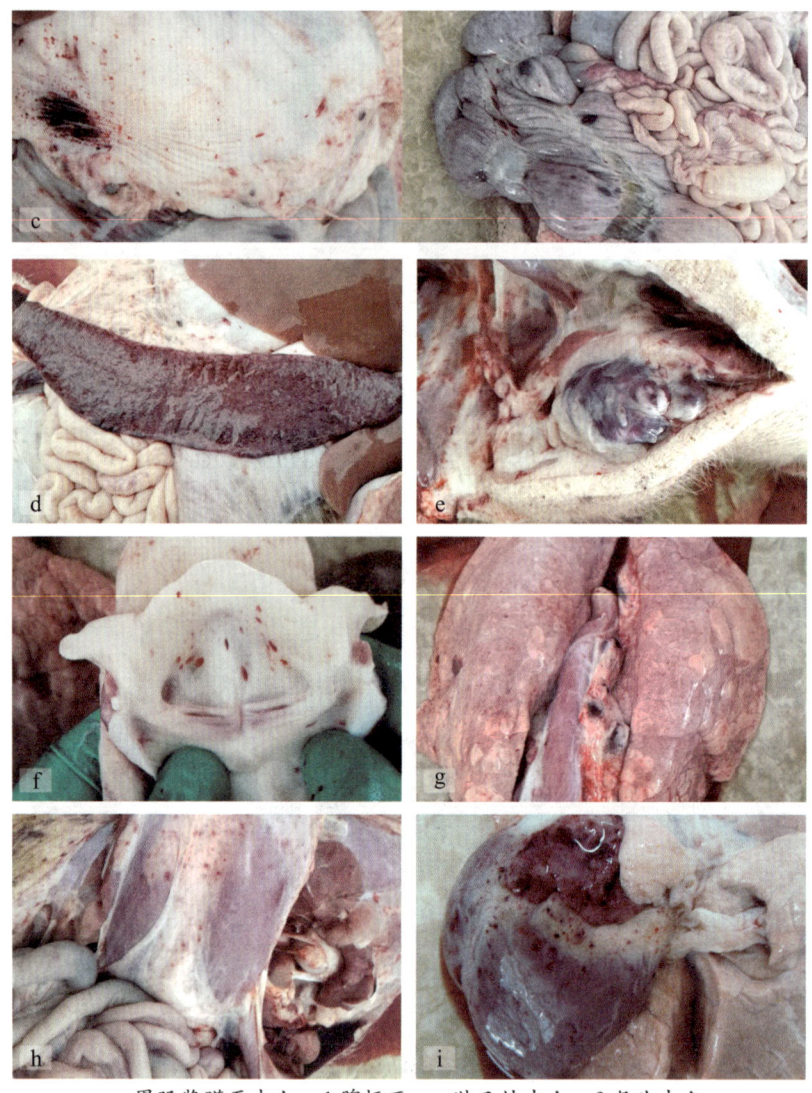

c.胃肠浆膜面出血　d.脾梗死　e.淋巴结出血　f.喉头出血
g.肺出血　h.腹部内侧肌肉出血　i.心肌出血
图2　暴发型急性猪瘟病理变化（续）

取多种方法进行综合诊断，如临床观察、流行病学分析、尸体剖检和实验室检验等。目前，实验室诊断多选择PCR以及定量PCR方法，但要区分是疫苗毒还是野毒，一般情况下，免疫猪瘟疫苗的猪只1个月内PCR扩增阳性的多为疫苗毒。

免疫接种是目前控制猪瘟唯一可靠的方法，要根据当地的流行情况及猪场实际情况制订有效的猪瘟免疫程序。国产猪瘟弱毒疫苗质量最好，有细胞苗、脾淋苗、亚单位疫苗；单联苗、二联苗和三联苗等多种疫苗可选用。建议母猪每年免疫3—4次或跟胎免疫，种公猪每年免疫2次，仔猪在30—45日龄首免，最好通过抗体水平监测确定首免日龄，以免母源抗体干扰，影响免疫效果，仔猪60—70日龄再免疫一次。

超前免疫被用于控制非典型猪瘟已有多年，效果显著。超前免疫的关键是时间差，仔猪必须在注射疫苗1个小时后再吃初乳。母猪产程一般为2—4个小时，在这段时间里，一名饲养员既要负责分批打苗，又要负责让仔猪分批吃初乳，很难做到准确无误。所以，实行一段时间的超前免疫后，如果猪场情况比较稳定，在做好消毒工作的前提下，最好做一次抗体检测后再恢复常规免疫。

二、猪伪狂犬病

猪伪狂犬病（PR）是由猪疱疹病毒引起的一种急性传染病，

可多种动物共患。2012年左右，我国出现了新一轮的伪狂犬病大流行，全国大部分省份都有疫情发生，进行过疫苗免疫的猪场也会出现发病，病猪出现典型的伪狂犬病症状及病变。初步研究表明，新流行毒株的抗原已发生变异，发生本次大流行的原因可能与新毒株的致病力增强有关。本病毒的抵抗力较强，在畜舍内的干草上夏季能存活30天以上，冬季可存活46天。56℃30分钟可以被灭活，对紫外线和常用消毒剂敏感。

本病的临床特征为发热及脑脊髓炎，成年猪常表现为隐性感染，有时出现厌食、咳嗽、便秘、震颤、惊厥等表现，多呈一过性或亚临床感染，偶见死亡。妊娠母猪可见流产，流产发生率约为50%。母猪分娩延迟或提前，有的产下死胎、木乃伊胎，产下的活仔2—3日内死亡。哺乳母猪的发病率可高达100%。仔猪表现以神经症状（图3）为主，并伴有消化系统功能紊乱，体温升高至41—41.5℃，闭目昏睡，口角有大量泡沫或唾液流出。有的病

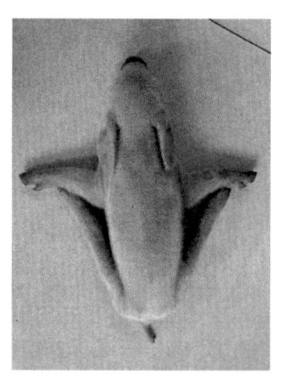

图3 仔猪的神经症状

猪呕吐或腹泻，其内容物为黄色，病初站立不稳或步态蹒跚，进一步发展为四肢麻痹，完全不能站立，头向后仰，四肢划游，或两肢开张和交叉。育肥猪可见呼吸困难，有时呕吐和腹泻，几天内可完全恢复。公猪体温升高，食欲缺乏，睾丸肿胀、左右不对称。

对病死猪进行剖检，有特征意义的病变是非化脓性脑炎，脑膜充血、水肿、脑实质出现针尖大小出血点；扁桃体和肝脾等实质脏器可见1—2mm大小的灰白色或黄白色坏死灶。流产胎儿表现体表出血、心肌出血、脑出血等（图4）。

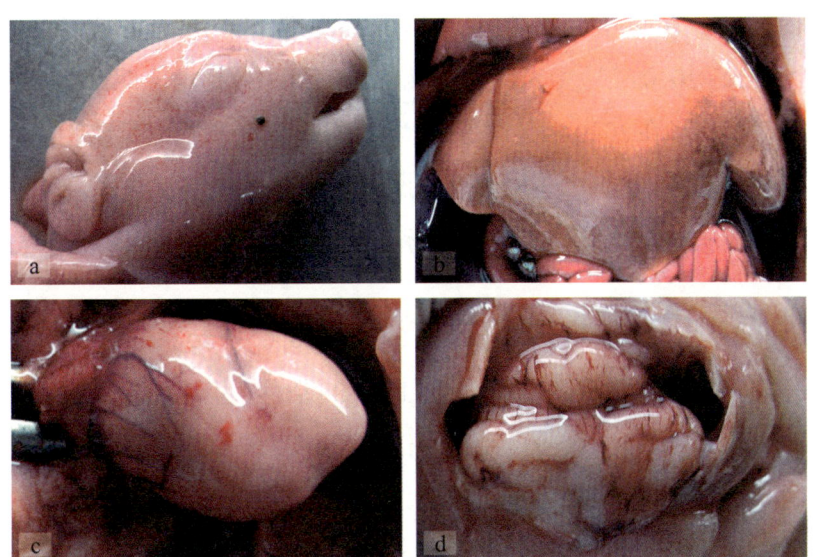

a.体表出血　b.肝脏坏死点　c.心肌出血　d.脑出血
图4　流产胎儿出血症状

根据临床症状以及流行病学资料分析,可做出初步诊断,确切诊断必须结合实验检测。

猪伪狂犬病采用抗生素治疗无效,开展疫苗接种是预防和控制本病的唯一方法。目前市场上有灭活苗、弱毒疫苗和基因缺失苗可供使用。可根据猪场实际情况制订免疫程序,伪狂犬抗体阳性场的种猪每年免疫3—4次,仔猪出生当天滴鼻,50—60日龄二免,80—90日龄三免,120—130日龄四免。伪狂犬阴性场的种猪每年免疫2—3次,仔猪50—60日龄一免,80—90日龄二免,120—130日龄三免。

国务院办公厅印发的《国家中长期动物疫病防治规划(2012—2020年)》中对我国猪伪狂犬病的净化提出了明确要求,所有种猪场在2020年必须达到净化标准。目前,很多猪场都在做伪狂犬病净化,保证猪场伪狂犬野毒抗体阴性,这样的猪场,生产成绩明显好于野毒抗体阳性场。

三、猪繁殖与呼吸障碍综合征

猪繁殖与呼吸障碍综合征(PRRS)俗称"蓝耳病",是目前我国流行扩散面很广的猪传染病。其病原体属动脉炎病毒属,有两个血清型,即美洲型和欧洲型。我国猪群感染的主要是美洲型,近年来欧洲型也有检出。该病毒对热和pH敏感,在环境中存活时间不长,常用消毒药物对之有效。

我国于1995年首次报道该病毒，1995—2006年主要以经典蓝耳毒株感染为主，2006年左右，我国发生了以高热高死亡率为特征的"高热病"，后被证明该病是由蓝耳病变异株引起，也就是高致病性蓝耳病毒株。2013年，类NADC30毒株在我国出现，该毒株导致蓝耳病疫苗的免疫效果不是很理想。目前NADC34毒株、NADC35毒株、NADC36毒株在我国陆续出现，有逐年增多的趋势，这给蓝耳病的防控带来了困难。

本病临床症状的共同点是死胎率和仔猪死亡率较高，如有严重继发感染，肥育期死亡率也很高。当前流行的毒株主要为类NADC30毒株及高致病性蓝耳病毒株，不同毒株导致的呼吸道症状及流产等严重程度各异。感染猪因年龄和种类不同表现出不同的临床症状，并与猪群的饲养管理条件、机体免疫状况、病毒毒力强弱等因素密切相关。在不同猪场发病，其临床症状表现差异较大。

母猪：妊娠母猪表现为发热、厌食，以及流产（图5）、木乃伊胎、死胎、弱仔等。部分新生仔猪表现为呼吸困难、运动失调及轻瘫等症状。产后一周内仔猪的死亡率明显增高，可达40%—80%。

仔猪保育：一月龄以内仔猪最易感并表现典型的临床症状。体温可升至40℃以上，呼吸困难，有时呈腹式呼吸，食欲减退或废绝，腹泻，被毛粗乱，后腿及肌肉震颤，共济失调，渐进消瘦，眼睑水肿，死亡率可高达60%—80%。耐过仔猪长期消瘦，生长

 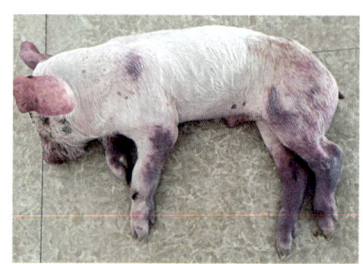

图5 母猪感染后胎儿流产　　图6 保育猪体表发绀

缓慢,部分猪体表发绀(图6)。

育肥猪:育肥猪对本病易感性较差,临床表现为轻度的类流感症状,出现厌食及轻度呼吸困难。少数病例表现出咳嗽,双耳背面、边缘及尾部皮肤出现深青紫色斑块。

公猪:发病率较低,表现为厌食、呼吸加快、咳嗽、消瘦、昏睡及精液质量明显下降,极少公猪出现双耳皮肤变色。

本病的剖检病理变化(图7)主要为出血性肺炎和间质性肺炎,肺有红棕色斑点,不萎缩,病变最常见于肺的前侧;淋巴结呈中度到极度肿大,棕黄色,颈、胸腔前侧和腹股沟部位最明显,肝、肾、脾水肿。病猪常因免疫功能低下而继发支原体或传染性胸膜肺炎。本病的确诊要借助实验室诊断技术。

本病尚无直接有效的治疗方法。疫苗接种免疫预防是一个可以考虑的方法,已有灭活疫苗和弱毒疫苗供应。建议污染场母猪每年2次接种弱毒苗,仔猪在2—3周龄接种疫苗。此外,发病场要做好环境卫生和消毒工作,防止继发感染其他疾病。

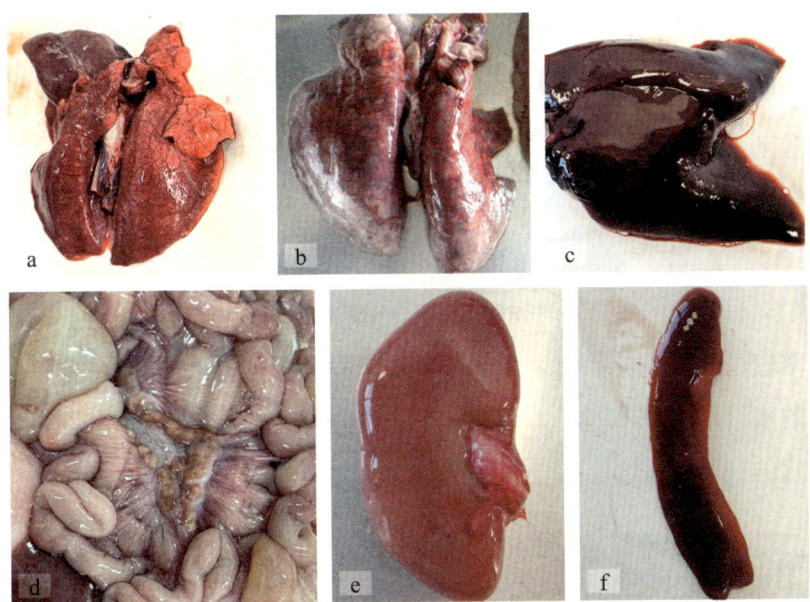

a.肺水肿　b.肺间质增宽　c.肝水肿
d.全身淋巴结肿大　e.肾水肿　f.脾水肿

图7　PRRS 的病理变化

四、猪圆环病毒2型感染

猪圆环病毒（PCV）分为猪圆环病毒1型（PCV-1）、猪圆环病毒2型（PCV-2）、猪圆环病毒3型（PCV-3）和猪圆环病毒4型（PCV-4）。PCV-1不致病，PCV-3的检出率很高，但致病性不是很清楚，PCV-4的检出率不高。PCV-2有多个亚型，包括2a、2b、2c、2d和2e，我国多为2d亚型。

有多种猪病与PCV-2感染有关，如断奶后多系统衰竭综合征（PMWS）和皮炎肾病综合征（PDNS）等。近年来，由PCV-2引起的PMWS在我国不断出现，发病日龄不断扩大，临床症状不断变化，已成为我国养猪业一种新的重要传染病。口鼻接触是主要的传播途径，PCV-2在鼻腔、扁桃体、粪便、唾液、初乳和精液中都有发现，因此该病可水平传播和垂直传播。

仔猪、育肥猪和种猪可患PDNS。该病发病率较低，但死亡率较高。发病猪厌食、精神不振，但发热不明显。体表有不规则的紫红色斑点和丘疹（图8），呈全身分布，但后肢多见。随着病程的延长，病灶逐渐变为黑色结痂。

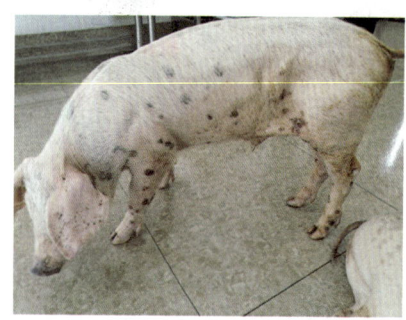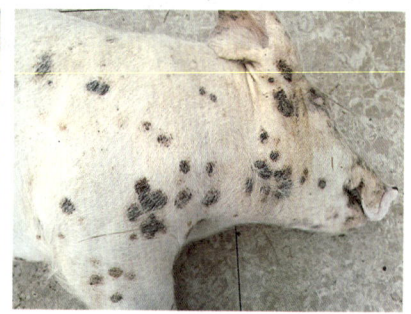

图8　PDNS病猪体表出现红斑和丘疹

PMWS主要感染6—8周龄的仔猪，极少感染乳猪。其症状包括体重减轻、消瘦、呼吸急促、呼吸困难和黄疸。少见腹泻、咳嗽和中枢神经系统紊乱。发病率不高，但病死率很高。病猪肺肿大，呈弥漫性或斑片状，肾脏皮质常见不规则白斑，淋巴结肿大，脾萎缩。

PMWS病猪健康不良,肌肉消瘦,皮肤苍白,有些出现黄疸。本病的病理变化(图9)为:所有淋巴结肿大3—4倍,切面呈均匀白色;肺有弥散性塌陷,较重而结实,似橡皮状,表面呈灰棕色小叶,夹杂着正常的黄红色小叶的斑纹,在严重病例中,有深红色或棕色出血块,肺尖叶和中叶常出现灰红色膨胀不全;一

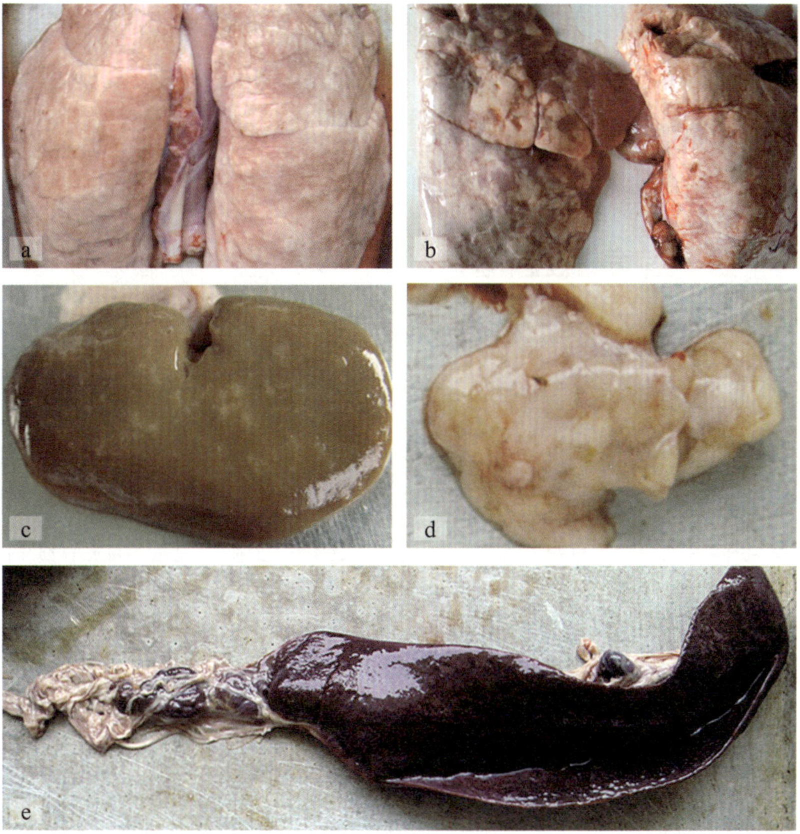

a.橡皮肺　b.花斑肺　c.肾脏皮质白斑　d.淋巴结肿大　e.脾萎缩
图9　PMWS的病理变化

般肝外观正常，结缔组织比正常的显著；脾萎缩；肾脏大多苍白、肿大和水肿，比正常肾脏增大可达5倍，部分有血雾状白斑；结肠充血并有小出血点。

PMWS的确诊需要实验室诊断，主要是采用定量PCR方法。PCV-2感染目前无治疗方法，接种疫苗是唯一的预防办法，而且疫苗免疫可以减少猪圆环病毒感染的发病率，增加猪只的料肉比。目前市场上有全病毒灭活苗及亚单位疫苗。一般建议母猪每年免疫2—3次，商品猪在21日龄免疫1次。PMWS的治疗可使用康复猪血清，但在使用前应确保血清中不含其他病原体。

五、猪病毒性腹泻

猪病毒性腹泻主要有传染性胃肠炎（TGE）、流行性腹泻（PED）、轮状病毒（RV）感染和盖尔塔病毒（PDcov）感染四种，临床症状及病理变化极为相似，通常需要依靠实验室诊断才能区分。该病多发生于冬春寒冷季节，夏季也时有发生，以猪流行性腹泻病毒感染最为常见，其次是轮状病毒感染。当前猪传染性胃肠炎发病率较低，轮状病毒感染有升高趋势。

猪传染性胃肠炎是由冠状病毒引起的一种高度传染性肠道疾病，本病冬季多见。其临床特征为呕吐、剧烈腹泻，10日龄以内发病仔猪大量死亡，传播迅速。特征性病理变化主要见于小肠：空肠绒毛变短，粗细不均，肠管扩张；内容物稀薄，呈黄色，泡沫状；肠壁弛缓，缺乏弹性，薄而透明。目前尚无特异性治疗方法。建议妊娠母猪产前6周和3周分别免疫1次，或在秋季对所有母猪进行免疫接种，可有效提高初乳抗体，保护仔猪顺利度过易感期。发病仔猪主要是注射康复猪血清，并做抗菌补液治疗可减少死亡。

猪流行性腹泻也是由冠状病毒引起的一种高度传染性肠道疾病，其流行病学、临床症状、病理变化基本上与猪传染性胃肠炎相似，只是病死率比猪传染性胃肠炎稍低，在猪群中的传播速度也比较缓慢一些。2011年左右，我国大部分地区出现了新的流行性腹泻大流行，造成了产房仔猪的大量死亡。后经研究证实引起本次发病的流行性腹泻病毒的抗原性发生了明显变异。

哺乳仔猪一旦感染，症状明显，表现出呕吐、腹泻（图10）、脱水、四肢无力等症状，体温正常，腹泻开始时排黄色黏稠粪便，以后变成水样便并混杂有黄白色的凝乳块。同时病猪伴有精神沉郁、厌食、消瘦及衰竭等症状，7日龄以内仔猪死亡率高达100%，随年龄增长自然感染死亡率逐渐下降，成年猪感染后仅发生一过性腹泻（图11）或亚临床感染，通常不导致死亡。

死亡仔猪剖检可见胃内凝乳块，肠壁变薄，小肠内容物稀薄，肠系膜淋巴结出血，肾脏皮质出血，肾内有黄色分泌物（图12）。本病可通过接种疫苗来预防，后备母猪可在日龄较小时进行活病毒口服驯化，再在此基础上跟胎免疫，通常在母猪产前3周及6周做2次灭活苗免疫。病猪治疗方法与猪传染性胃肠炎

 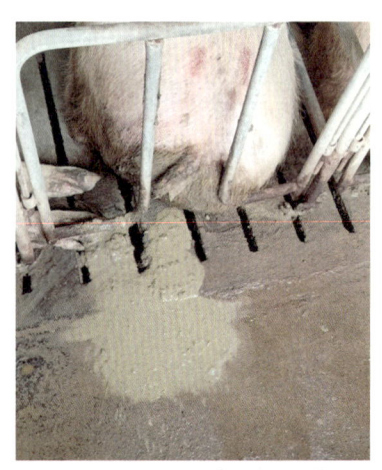

图10 仔猪流行性腹泻症状　　图11 母猪流行性腹泻症状

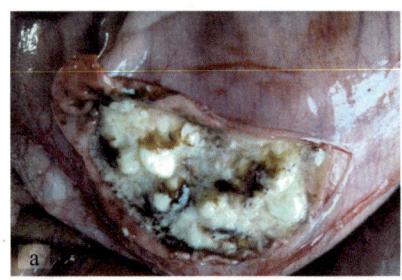 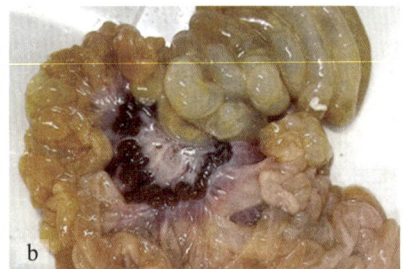

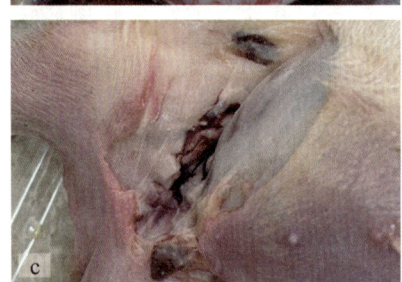 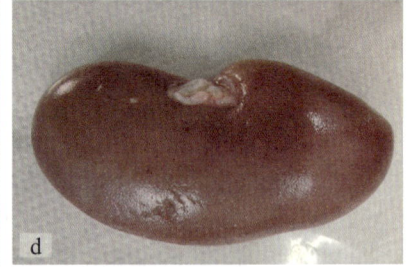

a.胃内凝乳块　b.小肠内容物稀薄
c.肠系膜及腹股沟淋巴结出血　d.肾脏皮质出血

图12 死亡仔猪病理变化

相似。

轮状病毒可感染多种动物。仔猪感染轮状病毒的特征是急性腹泻,但严重程度比猪传染性胃肠炎和流行性腹泻要小。仔猪感染后一般表现沉郁、食欲缺乏和不愿活动,严重腹泻。病程3—7天,病死率变化无常。临床症状取决于被感染仔猪日龄。病变限于消化道。胃弛缓,小肠绒毛短缩、扁平,肠内容物为浆液性或水样,灰黄色或灰黑色,腹泻物从黄色、白色到黑色,呈水样、半固体。该病的治疗方法与猪传染性胃肠炎相似。

腹泻病的临床症状和剖检病理变化比较相似,因此确诊需要实验室诊断,主要是定量PCR方法。目前,腹泻病主要危害产房仔猪,因此做好产房保温、保湿工作至关重要。另外,产房应全进全出,中间尽量空置5—7天并彻底消毒,防止腹泻病的发生。疫苗免疫是控制腹泻病的有效方法,目前市场上有弱毒苗及灭活疫苗。一般建议母猪每年产前40天免疫灭活疫苗,产前20天免疫弱毒苗。

六、猪乙型脑炎和猪细小病毒病

猪乙型脑炎和猪细小病毒病由两种完全不同的病原体引起,但都能造成初产母猪的繁殖障碍。这两种病在我国均广泛存在。

猪乙型脑炎是由蚊子传播的病毒性人畜共患传染病,病原体为日本乙型脑炎病毒。该病原体对外界环境抵抗力不强,常用消毒药物都有良好的抑制和杀灭作用。本病具有严格的季节性，自7月开始，一直延续至10月底。

猪发病后的临床特征为妊娠母猪流产、死胎、畸形胎或木乃伊胎，同一胎的仔猪，在大小及病变上都有很大差别，死胎大小不一（图13），有的胎儿可正常发育，但是弱仔或产后不久死亡。死胎由于脑水肿而头部肿大，肌肉呈熟肉样。剖检新生病仔猪，主要特征是皮下弥散性水肿，带水性无脑症，腹水增量，肝、脾、肾等器官可见有多发性坏死灶。公猪表现为睾丸炎，多为单侧性。

图 13　流产胎儿

本病的传播媒介为蚊子，因此可在蚊虫出现前的每年春季进行预防，对初产母猪注射乙型脑炎弱毒疫苗或灭活油乳苗。第一次注射后过3—4周再注射一次，弱毒苗免疫保护率为80%，二次免疫保护率为90%。

猪细小病毒病由猪细小病毒引起，常见于初产母猪。一般呈地方流行性或散发。一旦发生本病，可持续多年，母猪怀孕早期（1—70日）感染，其胚胎、胎猪死亡率可高达80%—100%。多数初产母猪受感染后能获得较强的免疫力，甚至可持续终生。

感染猪细小病毒的母猪会出现流产（图14），或只产出少数仔猪，或产出大量死胎、弱仔和木乃伊胎等，若怀孕中期感染，则因死胎被吸收，母猪的腹围会变小。此外，本病还可引起产仔瘦小、弱胎、母猪发情异常、久配不孕等症状。大多数死胎、死仔或弱仔的皮肤、皮下会充血或水肿，胸、腹腔积有淡红色或淡黄色渗出液，肝、脾、肾有时肿大脆弱或萎缩发暗。本病确诊必须依靠实验室诊断。

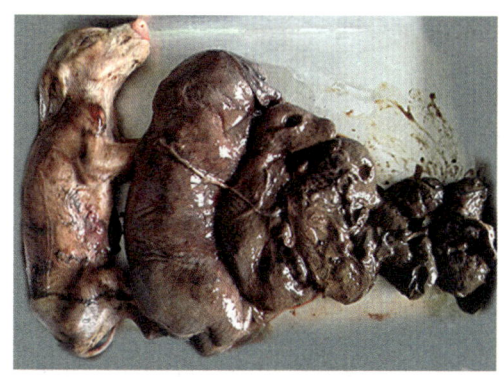

图14　木乃伊胎

本病可通过疫苗接种预防，一般母猪在配种前2个月左右注射疫苗，仔猪母源抗体的持续期可达14—24周。

七、口蹄疫

口蹄疫是指偶蹄动物因感染口蹄疫病毒而引起的急性、热性、接触性传染病，传播速度极快。以口腔黏膜、蹄部、乳房、皮肤出现水疱，继而发生溃疡为特征。由于口蹄疫的严重危害性和破坏性，世界动物卫生组织早已把该病列为A类法定传染病中的第一个传染病，是国际动物及动物产品进出口贸易最重要的检疫对象。

口蹄疫病毒有O型、A型、C型等7个血清型，存在65个以上的亚型。动物感染不同血清型的病毒所表现的临床症状基本一致，但无交互免疫性。水疱皮和水疱液的病毒含量最高。口蹄疫病毒对外界抵抗力较强，对酸很敏感，2%氢氧化钠、3%—4%甲醛、0.5%—1%过氧乙酸、30%热草木灰水、10%新鲜石灰乳剂等常用消毒剂在15—25℃经0.5—2个小时后才能杀灭病毒。碘酊、酒精、石炭酸、甲酚皂溶液、苯扎溴铵等对口蹄疫病毒无杀灭效能。

本病一年四季均可发生，但在冬春、秋季气候比较寒冷时多发，炎热天气少发。主要症状表现在蹄冠、蹄踵、蹄叉、副蹄和吻突皮肤，以及口腔腭部、颊部和舌面黏膜等部位出现大小不等的水疱和溃疡，水疱也会出现于母猪的乳头、乳房等部位。严重时蹄壳变形或脱落，跛行明显，病猪卧地不能站立。此外，病猪表现精神不振，体温升高，厌食。成年猪的致死率一般不超过

3%。仔猪感染时,水疱症状不明显,致死率高达80%以上。妊娠母猪感染可发生流产。

根据本病流行特点、临床症状、病理变化,并结合流行病学,一般不难做出初步诊断,确诊需要实验室诊断。

本病无有效药物,可用疫苗进行预防,灭活油佐剂苗的效果很好。种猪每隔3个月免疫1次,每次每头肌注2毫升,或每头肌注高效疫苗1—1.5毫升。仔猪40—45日龄首免,常规苗每头肌注2毫升或高效苗1毫升。100—105日龄育成猪加强1次(二免),常规苗每头肌注2毫升或高效苗1—1.5毫升。也可根据当地实际情况设定免疫程序。

八、猪流感

猪流感是由A型流感病毒引起的一种急性、高度接触传染的呼吸器官传染病,人畜共患。其特征为突发、咳嗽、呼吸困难、发热、衰竭及迅速康复。除个别猪外,大部分猪都不会死亡。在猪中广泛流行的3个最常见的流感亚型是H1N1、类禽源H1N1、类人源H3N3。流感病毒对干燥和低温的抵抗力强大,冻干或-70℃可保存数年,60℃ 20分钟可被灭活,一般的消毒药物都有很好的杀灭作用。病毒对碘特别敏感。

本病一年四季均可发生,以冬春寒冷季节多见。病程短,发病率高,死亡率低,常突然发作,传播迅速,一般在3—5天可达高峰，2—3周迅速消失。主要表现为厌食、迟钝、衰竭、蜷缩，病猪常挤在一起，结膜充血，眼、鼻流出浆液性分泌物及打喷嚏。还出现张口吃力、急促和腹式呼吸。体温可高达40.5—41.7℃，发病后5—7天开始迅速恢复。若发生胸膜肺炎放线杆菌、多杀性巴氏杆菌、副猪嗜血杆菌和猪链球菌等继发感染，病程将更加复杂。

本病的剖检病理变化主要为颈部、肺部及纵隔淋巴结明显增大、水肿，呼吸道黏膜充血、肿胀并被覆黏液，有的支气管被渗出物堵塞而使相应的肺组织萎缩。主要的肉眼病变是病毒性肺炎，多见于肺的心叶和尖叶，呈现为紫色的硬结，与正常肺界限明显，呼吸道内含有血色、纤维蛋白性渗出物。严重的病例有支气管肺炎和纤维蛋白性胸膜炎、肺水肿、脾肿大。

根据本病的流行特点、发生季节、临床症状及病理变化特点可初步诊断，确诊需进行病毒分离及血清学试验。

本病无特效药治疗，但可用解热镇痛药对症治疗，应用抗生素防止继发感染。目前无效果好的疫苗，因此猪场要加强饲养管理，保持畜舍清洁卫生，增强动物的抵抗力，特别要精心护理，提供舒适避风的猪舍和清洁、干燥、无尘土的垫草，避免发生其他应激反应。

第四章
主要细菌性疫病

一、大肠杆菌病

大肠杆菌病包括仔猪黄痢、仔猪白痢、猪水肿病、断奶仔猪腹泻等，均由猪大肠杆菌引起，但发病原因非常复杂，如繁殖、换料、温度、湿度、母乳、应激反应等因素均会影响发病。此外，大肠杆菌还会引发系统感染导致产房仔猪急性死亡，或导致保育猪及育肥猪肺部感染等。大肠杆菌的抗原结构异常复杂，能引起猪腹泻及水肿病等肠道感染的大肠杆菌的黏附因子主要有4种（K88、K99、987P、F18），肠毒素主要包括会引起腹泻的LT、STa、STb以及会导致水肿病的Stx2e等。大肠杆菌抵抗力中等，各菌株间可能有差异，常用消毒药物在数分钟内即可杀死。本病的常用治疗药物主要包括环丙沙星、恩诺沙星、大观霉素、卡那霉素、庆大霉素、安普霉素等，但各地分离的菌株对抗菌药物的敏感性差异较大，极易产生耐药性。因此，要先针对本场发病菌株进行药敏试验，再选择敏感药物进行治疗最为有效。

（一）仔猪黄痢

仔猪黄痢是指出生后几个小时到一周龄仔猪的一种急性肠

道传染病，以剧烈腹泻、排出黄色或黄白色水样或粥样粪便（图15），以及迅速脱水死亡为特征。同窝仔猪中发病率90%以上或50%以下的少见，病死率较高，有的全窝死亡。一年四季均可发生。猪场内一次流行之后，一般经久不断，初产母猪的仔猪更易发生本病。

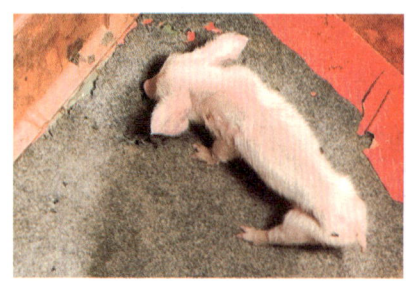

图15　3日龄仔猪黄痢

本病的防治最主要的是做好环境卫生，加强消毒，使哺乳仔猪尽早吃上初乳，适时诱导仔猪进食，保持产房干燥，维持产房温度适宜等综合性的防治措施。病猪治疗应尽早，还必须根据本场的实际情况进行药物的轮换使用，及时治疗通常能取得较好的效果，显著降低死亡率。目前大肠杆菌的抗药性相当普遍，最好先进行药敏试验再选择药物。母猪产前3—4周注射大肠杆菌病疫苗，如"仔猪大肠埃希氏菌病三价灭活疫苗"等，仔猪通过吃初乳可以取得较好的保护效果。

（二）仔猪白痢

仔猪白痢是指10—30日龄仔猪多发的一种急性肠道传染

图16　15日龄仔猪白痢

病,以排出腥臭的灰白色黏稠稀粪为特征(图16),本病的发病率高,但死亡率较低,主要表现为中度腹泻,生长速度减慢。本病的发生常与各种应激因素有关,因此应从营养、环境控制等方面减少应激反应,降低发病率,如及时给仔猪吃初乳,母猪奶量不能过多、过少或奶脂过高,在气候变化剧烈的季节要注意防寒保暖,保持圈舍清洁干燥等,这些都可减少本病的发生,减轻病猪的临床症状。本病的预防方法与上述仔猪黄痢预防方法相似。

(三)猪水肿病

猪水肿病是指断奶后到育肥前期猪多发的一种急性肠毒血症。临床表现为突然发病,精神沉郁,食欲减少或废绝,心跳急速加快,呼吸初期快而浅,后来慢而深。病猪行走时四肢无力,共济失调,步态摇摆不稳,有时做圆圈运动;静卧时肌肉震颤,不时抽搐,四脚做游泳状运动;被触动时表现敏感,发出呻吟或嘶哑的声音,继而前肢或后躯麻痹,不能站立;体温无明显变化。本病特征性症状是脸部、眼睑水肿(图17)。特征剖检病变是胃

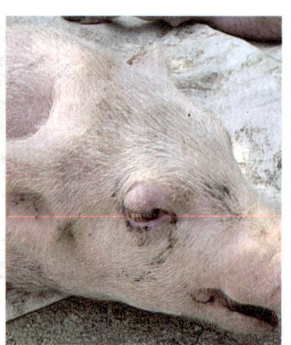

图17 水肿病病猪眼睑水肿

壁、结肠系膜、眼睑和面部以及颌下淋巴结水肿。胃底黏膜下有厚层透明带，有时有带血的胶冻样水肿物浸润，使黏膜层和肌层分离。结肠袢的肠系膜呈透明胶冻样水肿，充满于肠袢间隙。值得注意的是，并非所有病猪都有明显的水肿表现。

本病发病率不高，但病死率很高，在90%以上。体格健壮、生长快的仔猪最为多发。发生过仔猪黄痢的仔猪一般不发生本病。本病的诱因较多，如高蛋白饲料、运输、断奶混群等。在保育及育肥前期应尽量避免上述应激因素，以减少该病的发生。

本病诊断不难，预防本病可在仔猪断奶前后的饲料中添加抗菌药。本病无特异性治疗方法，一般是灌服抗菌药物、盐类泻剂，以抑制或排除肠道内细菌及其产物。对较慢性的病例，静脉注射葡萄糖、氯化钙、甘露醇等，皮下注射安钠咖，口服利尿剂，均有一定的疗效。

（四）断奶仔猪腹泻

由大肠杆菌引起的断奶仔猪腹泻多发生于仔猪断奶后1—2周内，断奶前及育肥前期也见发生，新生仔猪偶见发生。猪只通常因溶血性大肠杆菌感染导致发病，发病的初始日龄与母源抗体的减弱时间点相关。由于部分溶血性大肠杆菌同时携带水肿病毒素，本病有时会与水肿病并发。本病一年四季均可发生，在季节交替、昼夜温差较大时更易发生，如秋冬季。本病发病率较高，可达100%，如治疗不当或治疗不及时，死亡率可达40%以上。

根据母源抗体情况及引起发病的大肠杆菌菌株携带的肠毒素种类，病猪的腹泻程度可从类似黄痢到水样腹泻，部分病猪呕吐、腹泻数日后死于严重脱水。死亡猪明显消瘦，眼窝凹陷，通常身上沾满稀粪（图18）。也可见尚未腹泻或刚腹泻不久的急性死亡病例，若这些病死猪往往为同群中体格偏大的猪，则考虑为与水肿病并发的病例。本病的剖检病理变化（图19）主要集中于肠道，可见肠道内充满灰白色或红色稀薄内容物，肠道黏膜不同

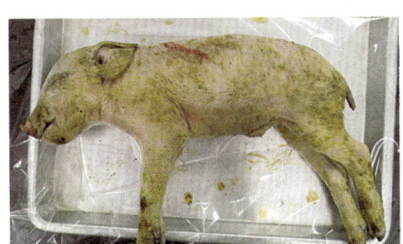

图18　断奶仔猪腹泻

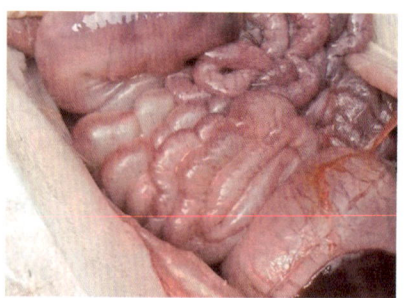

图19 断奶仔猪腹泻的病理变化

程度糜烂；有些病例胃肠充血，严重者肠道黏膜可见出血。

本病可根据临床症状及流行病学特征进行初步诊断，也可根据用药效果进行治疗性诊断。建议进行实验室致病菌分离鉴定，并根据药敏试验结果进行精准用药治疗，以达到减少抗生素用量和尽早治愈的目的。预防本病可采取的措施包括转群前对保育舍彻底消毒，尤其是引水槽及料槽，减少转群及换料应激，确保保育舍温度适宜，降低饲料蛋白含量，并控制仔猪采食量避免其过度采食等。在经常规律性发生本病的猪场，可通过在发病前一周往饲料中添加敏感药物进行预防，虽然已有商品化疫苗，但疫苗的效果并不理想。

(五)系统感染及肠外局部感染

大肠杆菌可引起全身性的败血症,导致仔猪急性死亡。母猪初乳中抗体不足或仔猪摄入初乳过少可能是本病发生的根本原因,昼夜温差大的季节更容易发生本病。

全身性的败血症多发于产房仔猪,以2周龄左右的仔猪最为常见,可以是原发疾病,也可以继发于病毒感染,通常呈窝发表现,可见整窝猪在几天内陆续急性死亡。死亡猪只体况良好,并不表现消瘦症状,剖检病理变化(图20)为肺充血、肝脾肿大、

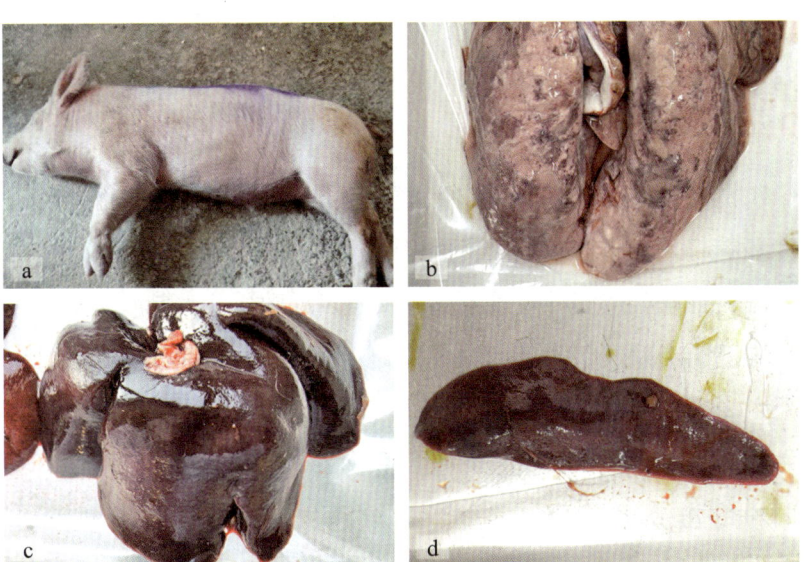

a.病猪急性死亡　b.肺病变　c.肝病变　d.脾病变
图20　15日龄仔猪系统感染大肠杆菌的大体病变

心肌出血、心冠脂肪水肿黄染、肾脏多出血点、肠道充血，部分猪可见胸腹腔纤维素渗出及绒毛心，以腹腔纤维素渗出为多见。本病发病急，通常来不及治疗。做好母猪群保健及驯化，保证母猪乳汁充足可以减少本病的发生，若能做到早发现，则可以及时对同窝其他猪只采取保健措施，防止疾病蔓延。

大肠杆菌可引起多种局部感染，如肺炎、子宫炎等，肺炎多发于保育猪，也可见于育肥阶段，多继发于病毒感染，如猪繁殖与呼吸综合征病毒及圆环病毒感染等。子宫炎多发于产后或配种后，由接产操作不当、输精操作不当或精液本身污染等因素导致。因此，做好病毒病的免疫、加强配种及产房操作管理对减少本病的发生至关重要。

二、猪链球菌病

链球菌病是由链球菌属致病性链球菌所引起的一种传染病。许多看起来健康的猪只的鼻腔及扁桃体可携带本菌，致病性链球菌可使猪只产生多种表现不同的疾病，如败血症、脑膜炎、化脓性淋巴结炎及关节炎等。其特点是潜伏期短、病程短、传播快、死亡率高。各种年龄的猪都有易感性，产房及保育阶段的猪多发，但败血症型和脑膜脑炎型多见于仔猪。本病的临床表现有不同的类型。

败血症型：在流行初期常有最急性病例，多不见任何症状而突然死亡，死亡时往往处于不被发现的状态，从眼观正常到死亡有时只有几十分钟的时间，病猪体温升高（41—42℃以上），精神委顿，眼结膜发绀，口、鼻流出淡红色泡沫样液体，腹下有紫红斑，不久死亡。急性病例，常见精神沉郁，体温在41℃以上，呈稽留热，食欲减退或不食，眼结膜潮红、流泪，分泌浆液状鼻汁，呼吸浅表而快，少数病猪在病程后期于耳尖、四肢下端、腹下出现紫红色或出血性红斑，有跛行，病程2—4天。

脑膜炎型：病初体温升高，为40.5—42.5℃，不食，继而出现神经症状，运动失调、转圈、空嚼、磨牙、仰卧直至后躯麻痹，侧卧于地，角弓反张，四肢做游泳状运动，可见眼球震颤或位置偏移，甚至昏迷不醒。

关节炎型：由败血症型和脑膜炎型转来，或者从发病起即呈现关节炎症，表现为单肢或几肢关节肿胀，疼痛，有跛行，甚至不能站立，病程2—3周。

本病的剖检病理变化（图21、22）分两种类。最急性型：口、鼻流淡红色泡沫样液体，气管、支气管充血，充满泡沫样液体。急性型：以出血性败血症病变和浆膜炎为主。皮肤有出血点，皮下组织广泛出血。鼻黏膜紫红色，充血和出血。气管充血，充满淡红色泡沫样液体，肺肿大、出血。全身淋巴结肿大出血，其中肺门淋巴结、肝门淋巴结周边出血。脾肿大，是正常的1—2倍，呈暗红色或蓝紫色，柔软，质脆。偶见脾边缘黑红色的出血性梗

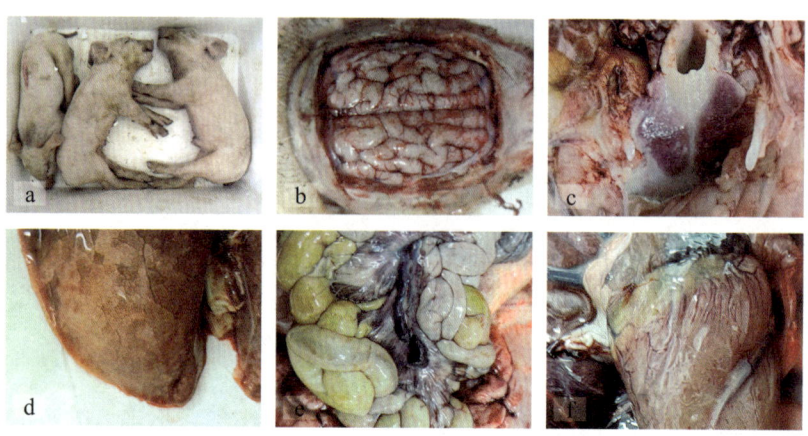

a. 急性死亡　b. 脑膜炎　c. 扁桃体化脓灶　d. 肺水肿、间质增宽
e. 肠系膜淋巴结出血　f. 心冠脂肪水肿、心肌出血

图 21　10 日龄仔猪链球菌感染的大体病变

死灶。胃和小肠黏膜有不同程度的充血和出血。心外膜有弥漫性出血点,偶见"菜花心",即因心脏二、三尖瓣异物沉积而形成疣性心内膜炎。有时可见胃底浆膜面出血点。肾肿大,被膜下和切面上可见出血小点。胸腹腔有大量液体,有时有纤维素性渗出物,往往与内脏粘连,脑膜充血,严重者淤血,少数脑膜下积液,白质和灰质有明显的小出血点。关节腔内有液体渗出。

本病的确诊要进行细菌学检查。防治原则是加强管理,注意平时的卫生消毒工作,发病猪群中的病猪应立即隔离,并对猪舍进行严格消毒。对疑似病猪进行解剖等相关操作时应注意个人防护,尤其是当人体皮肤表面有伤口时,容易感染猪链球菌。免疫

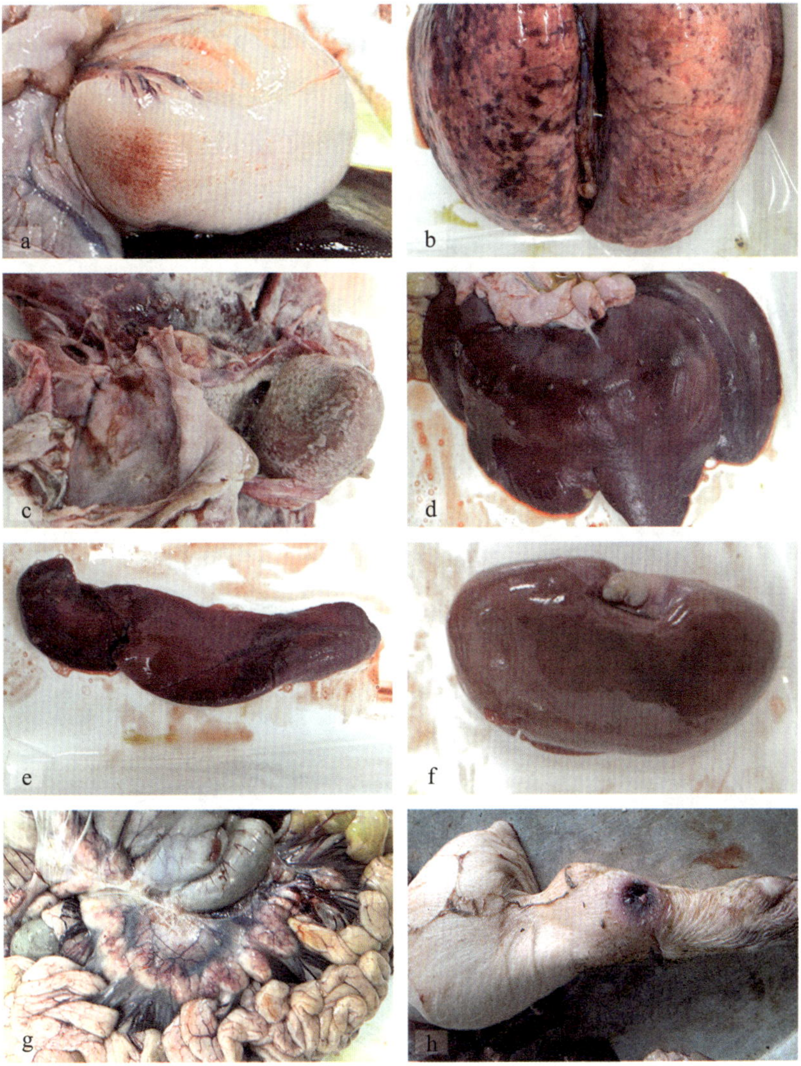

a.绒毛心　b.肺水肿、出血　c.肺表纤维素渗出　d.肝肿大
e.脾肿大　f.肾充血并有针尖状出血点　g.肠系膜淋巴结肿大　h.关节肿大
图 22　保育 45 日龄仔猪链球菌感染的大体病变

预防可用灭活疫苗或弱毒冻干苗，免疫期为6个月。选用疫苗时应对本场致病菌株进行血清型鉴定，并根据结果选择与本场流行菌株相匹配的疫苗。接种弱毒冻干苗前后的数天里，饲料内不能添加任何抗菌药物。病猪治疗可用青霉素、阿莫西林、头孢噻呋、多西环素等，连用5天以上，需要注意的是，最好对发病猪及其同窝或同圈猪进行同时治疗。本病早期发现并进行正确治疗可取得良好效果，若发现较晚，则即便使用正确的药物也无法取得明显疗效。

三、猪传染性胸膜肺炎

猪传染性胸膜肺炎是由胸膜肺炎放线杆菌引起的猪呼吸系统的一种严重的接触性传染病。其病原体现已发现19个血清型，我国主要以血清7型为主，不同地区优势菌株不尽相同，如浙江省主要以8型为主。本菌抵抗力不强，易被一般消毒药物杀灭，但对杆菌肽、林可霉素、壮观霉素有一定的抵抗力。本病多发于4—5月和9—11月，具有明显的季节性。饲养环境突然改变如猪舍突然停电导致的通风不良，饲养密度过大，气候突变如寒流造成的气温骤降，以及空气湿度过低，长途运输如远距离引种，病毒感染如猪繁殖与呼吸障碍综合征、猪伪狂犬病、猪圆环病毒感染及猪流感等因素均可引发本病。通常3—6月龄的猪较为多发。

本病的临床表现主要为呼吸系统障碍，体温升高，沉郁，不食，呼吸高度困难，常呈犬坐姿势，张口伸舌，口、鼻流出淡红色泡沫样液体（图23），耳、鼻、四肢皮肤呈蓝紫色。暴发初期死亡率高达80%—100%，后期死亡率与饲养管理和气候条件有关。转为慢性者，表现为间歇性咳嗽，生长迟缓。

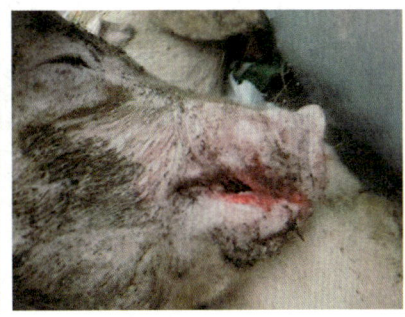

图23　育肥猪气张口呼吸，口、鼻有淡红色泡沫样液体

对病死猪进行剖检，发现主要病变为纤维素性肺炎和胸膜炎，可见气管和支气管充满泡沫样血色黏液。肺充血、出血，呈红色肝变或黑色肝变，纤维素性胸膜炎明显，常与肋胸膜发生纤维性粘连（图24）。胸膜肺炎放线杆菌大多局限于呼吸道感染，偶见关节及

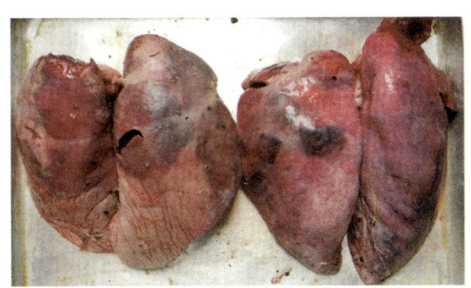
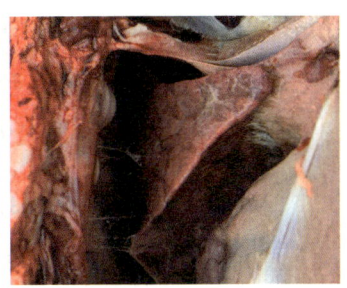

图24　肺充血、出血，与胸腔粘连

肝脏等系统感染。

防治本病主要是要做好猪舍环境卫生，防止有害气体积聚；加强饲养管理，保持适当的饲养密度，保持猪舍温度、湿度适宜；减少饲料中的霉菌毒素等有害成分，保证饮水质量，沿海地区避免直接饮用地下水，消除各种应激因素；同时做好基础疫苗免疫，尤其是在育肥周期过长的情况下，应做好抗体监测，必要时对猪瘟病毒、猪疱疹病毒、猪圆环病毒等加强免疫。可用阿莫西林、多西环素、氟苯尼考等药物进行预防或治疗。疫苗免疫的关键是使用与血清型匹配的疫苗菌株，因此需要对本场致病菌株进行血清型鉴定。免疫2—3月龄仔猪，可获得良好的效果。

四、猪丹毒

猪丹毒是由丹毒丝菌引起的一种急性、热性传染病。该菌血清型较多，目前已知的有28种。不同菌株的致病力有差异，可引起急性败血症型、亚急性疹块型及慢性型三种类型。所有年龄段的猪只均易感，但以育肥猪，尤其是3—6月龄发病较多。该病一年四季都有发生，但夏季多发，常呈爆发式流行。丹毒丝菌的抵抗力较强，在环境中能长时间存活，对2%福尔马林、1%漂白粉、1%氢氧化钠等消毒剂敏感，但在0.5%石炭酸中可长时间存活。

不同类型的猪丹毒表现不同（图25），发病的急缓有较大差异。急性败血症型常不表现出任何临床症状，病猪会突然倒地死亡。有些猪只体温可升高至42℃以上，高热稽留，发病后不久可在部分猪只的耳部、颈部、腹部等处见有大小、数量不等的疹块，发病初期手指按压可褪色，手指松开后又出现。病死率较高，有些会转为疹块型或慢性型。亚急性疹块型俗称"打火印"，在发病的1—3天后部分猪只的皮肤表面会出现方形、菱形或圆形的疹块，稍微突出于皮肤表面。亚急性疹块型病例在发病数天后，疹块可逐渐消退，部分病猪也可自愈，也有部分病猪会转为慢性型，疹块部位的皮肤会慢慢坏死、结痂。慢性型一般表现为浆液性关节炎或纤维素性关节炎、疣状心内膜炎或皮肤坏死，慢性型病例多由急性或亚急性病例转化而来。

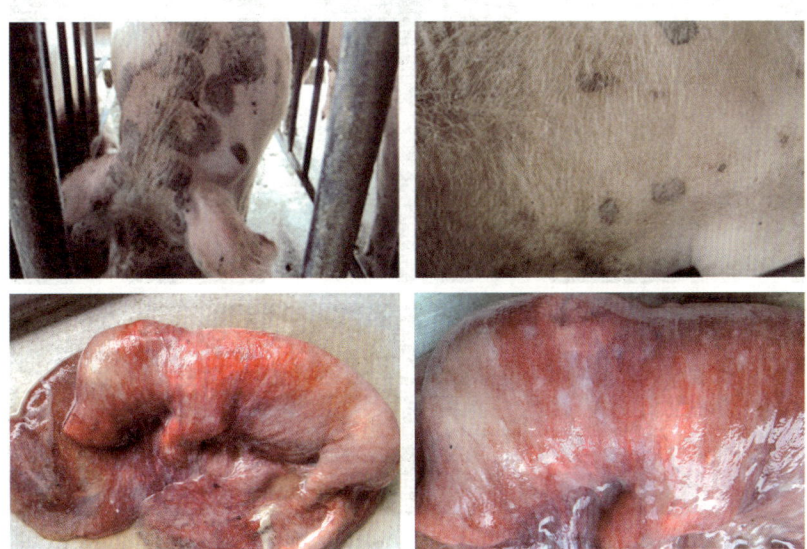

图25 育肥猪体表出现"打火印"及母猪感染后流产的胎儿

对病猪进行剖检，急性败血症型病例可见典型败血症变化（图26），脾高度肿大，呈暗红色，肾脏充血肿大（俗称"大红肾"），全身淋巴结肿大出血，肺充血、水肿，全身多个脏器出血，如心脏、胃、肠道等。亚急性疹块型以皮肤疹块为主要表现；慢

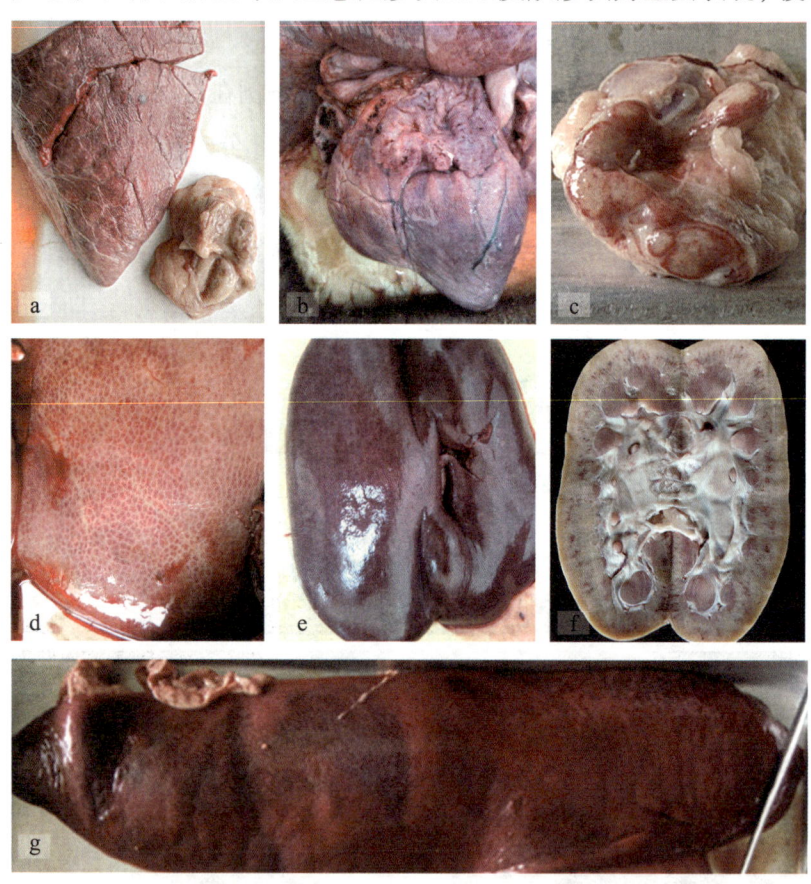

a.肺充血　b.心肌出血　c.淋巴结出血
d.肝肿大、出血　e、f.肾肿大　g.脾肿大
图26　急性败血症型的病理变化

性型以心瓣膜上的菜花样灰白色增生物或关节部位的纤维素性渗出物为主要表现。

预防接种是控制本病最好的方法，目前市场上有猪丹毒氢氧化铝甲醛灭活苗，GC_{42}或G4T10株弱毒苗，猪瘟、猪丹毒、猪肺疫三联活疫苗，猪丹毒、猪肺疫氢氧化铝二联灭活苗。一旦发病，个体首选青霉素或阿莫西林进行治疗，每天注射两次，群体可选择阿莫西林等敏感药物饮水给药，给药前应控制饲料摄入，每次饮水给药时间集中在2个小时内，夏季应注意加药水箱的防晒降温，防止太阳暴晒后因温度过高而药物失效。病猪体温恢复正常后，不宜过早停药，否则易复发，难以治好的病猪应及时淘汰，做无害化处理。在治疗的同时，要及时隔离病猪，做好猪舍和饲养用具的消毒工作，可选用1%氢氧化钠或5%石灰乳进行消毒。

五、副猪嗜血杆菌病

副猪嗜血杆菌病又称"猪格拉瑟氏病"，是由副猪嗜血杆菌（现也称"副猪格拉菌"）引起的一种以多发性浆膜炎、关节炎和脑膜炎为特征的传染病，也是我国常见的一种猪细菌性传染病，常继发于猪繁殖与呼吸障碍综合征。副猪嗜血杆菌有多种血清型，目前已发现15种血清型，还有部分菌株不能进行血清分型。不同血清型细菌毒力差异较大，菌株间交叉保护力也不完全，我国临床流行株以4型、5型、12型及13型为主。本病以2—4月龄猪最易感，主要在保育阶段发病。

临床发病猪主要表现症状为发热、咳嗽、跛行、进行性消瘦、共济失调等，少数猪只表现出神经症状，病程可持续较长时间，从数天到数月不等。

本病的剖检病理变化（图27）以纤维素性浆膜炎为特征，多见胸腔粘连，绒毛心，胸腹腔充满乳白色或微黄色纤维素渗出物。部分猪只关节肿胀，常见于腕关节及跗关节，关节腔内也可见纤维素渗出物，少数猪只出现脑膜炎。

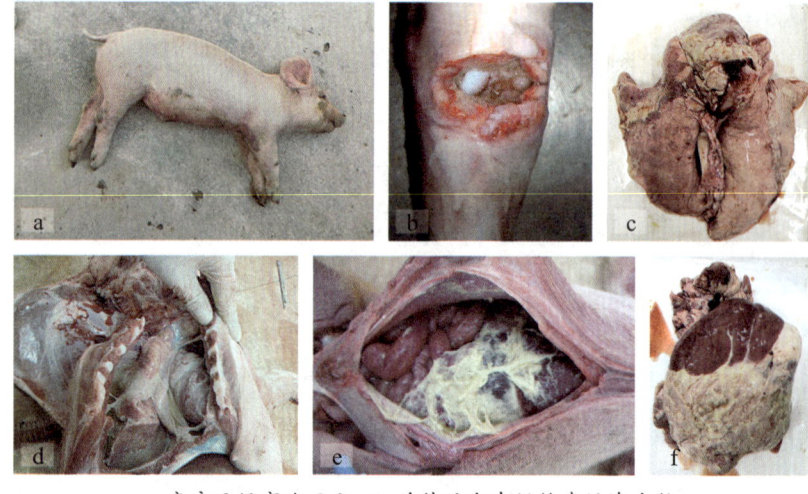

a.产房及保育猪死亡 b.关节腔内有纤维素性渗出物
c.胸腹腔大量纤维素性渗出物　d、e、f.内脏被纤维素覆盖
图27　副猪嗜血杆菌病的大体病变

疫苗接种是预防本病的最有效方法，但是由于副猪嗜血杆菌血清型众多，各地流行菌株不同，因此要选用与本地流行菌株相匹配的疫苗，如可以根据本场分离菌株的血清型鉴定结果选择与

血清型匹配的疫苗，以达到良好的预防效果。一旦发病，可选用抗生素进行治疗，口服抗生素治疗本病效果较差，可大剂量注射抗生素。目前大多数菌株对氨苄西林、氟喹诺酮类、头孢菌素、磺胺类药物敏感。

六、气喘病

猪气喘病是由猪肺炎霉形体（一种支原体）引起的呼吸道接触性传染病，也称"猪地方流行性肺炎"或"猪支原体性肺炎"。该病原体对外界抵抗力低，在外界环境中存活不超过36个小时，常用消毒药就可杀死病原体。该病原体通过气溶胶可实现数公里的远距离传播。本病在我国猪场普遍存在，一年四季均可发生，饲养管理和卫生条件对本病的发生和流行有重要影响，条件好时病势缓和，有利于病猪康复，否则病情加重。支原体感染可破坏猪只呼吸道纤毛并引起继发感染，常见的继发感染如副猪嗜血杆菌感染、胸膜肺炎放线杆菌感染等，从而导致病程延长、死亡率增加。

本病的主要临床症状为咳嗽和喘气。最早在一周龄左右即可感染，但潜伏期长，通常在产房内不表现本病的临床症状，保育及育肥阶段临床症状较为明显。目前急性型病例很少见，慢性型病猪精神、食欲正常，表现为咳嗽，且次数逐渐增多，特别是活动后和进食时易发生连续咳嗽，若不及时治疗，病情可恶化至呼吸困难、张口喘气（图28），常因继发感染而死亡。

图28　育肥猪犬坐样张口喘气

本病的剖检病理变化主要表现在肺部，从心叶开始，逐渐扩展到尖叶，中间叶和膈叶下部，病变呈对称性，与健康组织界限明显，外观似肉样（图29）、胰样，切面组织致密，从小气管挤压出灰白色、混浊黏稠的液体，支气管淋巴结和纵隔淋巴结肿大，切面呈灰白色。

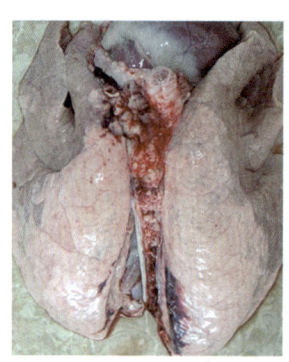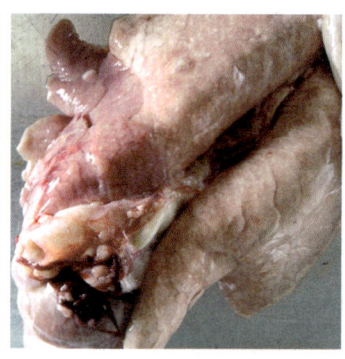

图29　肺呈两侧对称性肉变

本病的预防可通过接种疫苗，市场上有进口灭活苗和国产灭活苗，也有国产弱毒疫苗。本病的治疗关键是早期用药，泰乐菌素、泰万菌素、泰妙菌素（支原净）等均为有效药物。

第五章
常见寄生虫病

一、蛔虫病

本病是由猪蛔虫寄生在猪小肠内引起的一种线虫病，流行较广，主要危害3—6月龄猪，不仅影响其生长发育，甚至可导致其死亡。

猪蛔虫是一种淡黄色、圆柱状的大型线虫（图30）。雄虫长12—15厘米，尾端向腹面弯曲；雌虫长20—40厘米。成虫产出的虫卵随粪便排到外界，污染水源和土壤，虫卵的抵抗力极强，在环境中可存活数年。

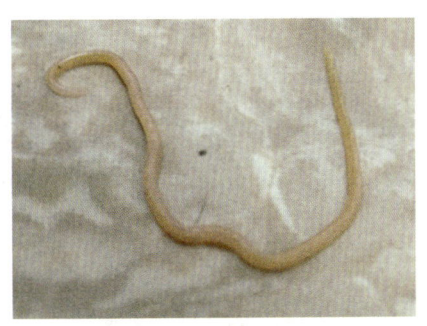

图30 仔猪肠道中寄生的蛔虫

在适宜的温度、湿度和充足的氧气环境中，虫卵发育为含幼虫的感染性虫卵，猪因吞食了感染性虫卵而感染。在猪小肠内，幼虫逸出并钻入肠壁毛细血管，经门静脉到达肝，再由血液循环经心脏到肺。幼虫在肺中停留发育，蜕皮生长后，随黏液一起到达咽，进入口腔，再次被咽下，在小肠内发育为成虫。

在猪体内由虫卵发育为成虫需经2—3个月，猪蛔虫在宿主体内可寄生7—9个月。

大量幼虫移行至肺时，可引起蛔虫性肺炎，表现为咳嗽、呼吸增快、被毛粗乱，也容易引发肺部感染其他致病菌，常是造成"僵猪"的重要原因。大量寄生时，可引起肠阻塞、肠破裂。有时蛔虫进入胆管，造成堵塞，引发黄疸。幼虫经肝迁移时可引起肝小叶间结缔组织纤维化，在肝脏表面形成大小不等的弥散状白斑（图31）。虫体的毒素作用还可能引起仔猪痉挛、皮疹等过敏表现。

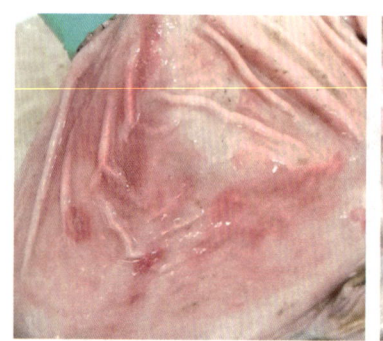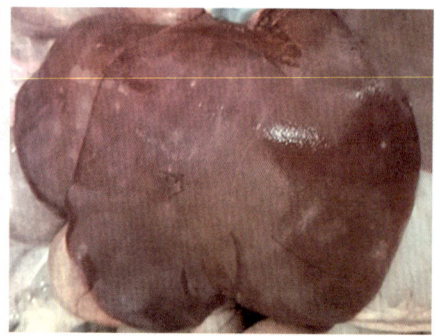

图31　由蛔虫寄生导致的胃底黏膜充血及肝脏白斑

通过剖检可以在猪小肠内发现蛔虫成虫，但对于60日龄以内的哺乳仔猪，其小肠内通常没有成虫，而应仔细观察其呼吸系统的症状和病变，剖检时可取肺和肝，用贝尔曼法分离幼虫，以求确诊。对两个月以上仔猪可采用直接涂片法和饱和盐水漂浮法，通过检出粪便中的虫卵来确诊。

第五章　常见寄生虫病

猪蛔虫病的流行与饲养管理、环境卫生关系密切。预防猪蛔虫病，猪场应创造合理的饲养管理条件，应经常清扫、消毒猪圈和运动场，粪便要及时清除并堆积发酵；防止饲料、饮用水、用具被虫卵污染；定期驱虫，尤其对怀孕初期的母猪和7月龄的仔猪，应分次进行驱虫。饲养管理不良、卫生条件恶劣和猪只过于拥挤的猪场，在营养缺乏特别是饲料中缺少维生素和必需矿物质的情况下，3—5月龄的仔猪最容易大批感染。可用左旋咪唑、阿苯达唑、噻苯达唑或伊维菌素等药物进行治疗。

二、旋毛虫病

猪旋毛虫病是由猪旋毛形线虫的幼虫寄生于猪的横纹肌引起的一种线虫病。本病除猪易感染外，狗、猫、鼠、兔、狼、狐及人均可感染，是人畜共患的线虫病之一，对人体健康危害很大。

成虫寄生于小肠中，称为"肠旋毛虫"，虫体长1.4—4.0毫米，肉眼几乎难以辨认。幼虫寄生于同一宿主，宿主感染时，先为终末宿主，后变为中间宿主。宿主因摄食了含有包囊型幼虫动物肌肉而被感染，包囊在宿主胃内溶解，释放幼虫。幼虫在小肠中发育，经两个昼夜可变成性成熟的肠旋毛虫。成虫交配后，雄虫死亡，雌虫于感染后6—10天开始产幼虫，一条雌虫可产1000—10000条幼虫，产后死亡，其寿命不超过5—6周。幼虫随血液循环再分布到猪体全身横纹肌中寄生，形成包囊。包囊呈梭形，大小为（0.25—0.3毫米）×（0.4—0.7毫米），眼观呈白色针尖状，包囊壁由紧贴在一起的两层构成，外层薄、内层厚；包囊内含有囊和1—2条蜷曲的幼虫，个别可达6—7条。包囊在数月至1—2年内开始钙化，钙化包囊中的幼虫能存活数年。

本病临床表现为体温升高，肌肉疼痛或僵硬、水肿等。成虫寄生在体内时会引起肠炎。猪旋毛虫大多可在宰后肉检中发现，具体方法为：取宰后麦粒大小的肉块（最好在膈肌或肋间），将其夹在两个载玻片之间，压薄后低倍镜观察。按规定，若24个肉样中不超过5个包囊或钙化的幼虫，则可将病猪肌肉和心脏切成小块煮熟食用；若超过5个，应销毁或作为工业原料。生前诊断可采用酶联免疫吸附试验和间接血凝试验，可在感染后17天测得特异性抗体。

防治本病主要做好五点：①在流行地区，猪只不可放牧饲养，不用生的废肉屑和泔水喂猪。②猪舍要经常进行灭鼠工作。③加强肉品检疫，发现含有旋毛虫的肉应按肉品检验规程处理。④改变饮食习惯，不食生肉或半生肉。⑤治疗可用甲苯达唑、氟苯咪唑、丙硫苯咪唑等药物。

三、弓形体病

弓形体病是因弓形体寄生在猪细胞内而引起的一种人畜共患的寄生性原虫病，流行面广，规模猪场时有发生。

弓形体寄生在宿主体内的不同发育阶段形态各异，有诊断意义的是滋养体和包囊。滋养体又称"速殖子",呈弓形、月牙形或香蕉状,一端偏尖,一端偏钝圆,平均大小为(4—7微米)×(2—4微米),主要见于急性病例的腹水中,有的呈游离单个虫体,有的在有核细胞内增殖,许多滋养体集合在一个囊内形成"假包囊"。包囊见于慢性病例的脑、骨骼肌、心肌和视网膜等处,包囊呈卵圆形,有较厚的囊膜,其中的虫体称为"慢殖子",数量可有数十个至数千个,包囊直径为50—60微米。

弓形体的终末宿主是猫,中间宿主包括哺乳类、鸟类、爬行类、鱼类和人。当猫吞食了弓形体的感染性卵囊(即孢子化卵囊)或含有滋养体的包囊后,慢殖子侵入猫的肠上皮细胞内进行无性繁殖。以裂殖生殖的方式繁殖出大量的裂殖子。到一定阶段,一部分裂殖子变为配子体,进行有性生殖中的配子生殖,形成的卵囊随猫粪便排到外界,在适宜条件下经2—4天发育为感染性卵囊。当羊、马、猪等家畜和人,经口、呼吸道黏膜或皮肤感染了含有包囊或被感染性卵囊所污染的食物后,虫体会经血液循环在宿主的某些脏器和组织细胞中进行无性繁殖,形成包囊型虫体。

猪患弓形体病后,临床表现为病初体温上升至40—42℃,呈稽留热,食欲减退至废绝,便秘,有时下痢,呼吸困难,咳嗽或呕吐。有的猪只四肢及全身肌肉僵直,体表淋巴结显著肿大,耳及体躯下部有淤血斑(图32),病程为10—15天。

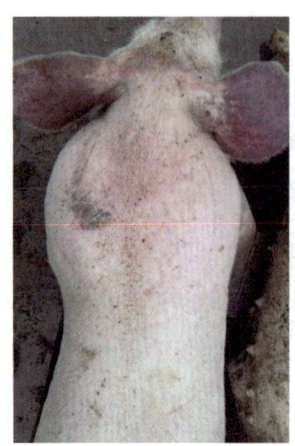 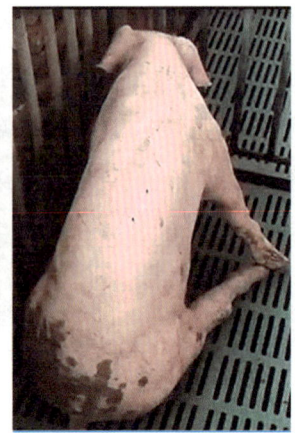 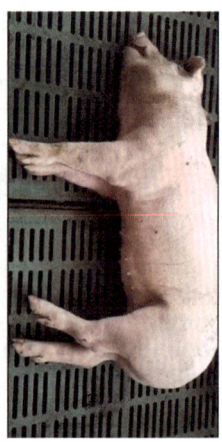

图32　感染弓形体的育肥猪耳朵发绀、后肢麻痹无力甚至死亡

本病的剖检病理变化（图33）为：肺稍膨胀，呈暗红色且带有光泽，肺水肿，肺小叶间充满胶冻样渗出物，有针尖至粟粒大的出血点和灰白色坏死灶，切面流出多量泡沫样液体。全身淋巴结肿大，呈灰白色，切面湿润，有粟粒大、灰白色或黄白色坏死灶和大小不一的出血点，肝、脾、肾亦有坏死灶和出血点。盲肠和结肠有少数散在的黄豆大至榛子大浅溃疡，淋巴滤泡肿大或有坏死。心包、胸腹腔液增多。

弓形体病的确诊需要结合实验室检验。具体方法为：取可疑病畜或死亡病畜的脏器、组织和体液制成涂片、压片或切片，镜检弓虫滋养体；或将病料接种于小白鼠、豚鼠、家兔等实验动物中，再分离出病原体。

第五章　常见寄生虫病

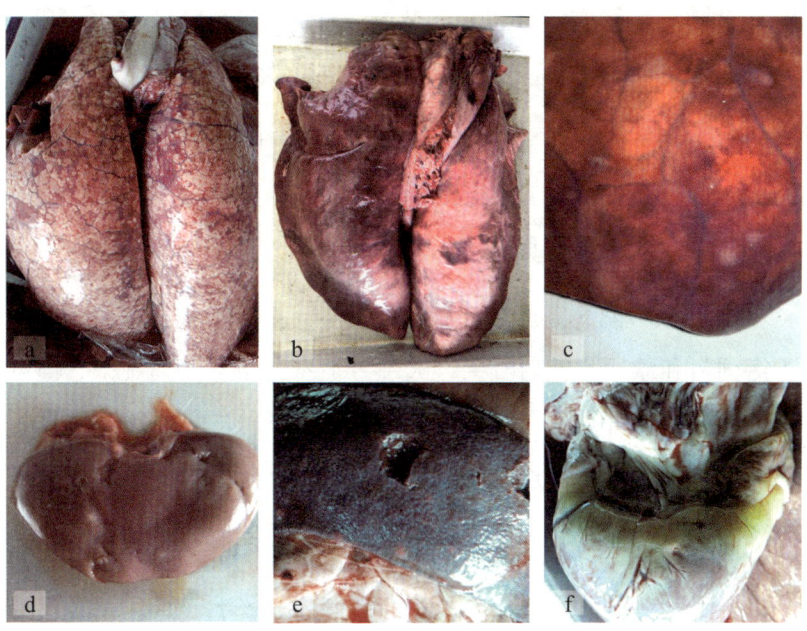

a.肺水肿、出血　b.肺小叶间质增宽
c、d.肺和肾白色坏死灶　e.脾棕红色坏死灶　f.心冠脂肪黄染
图33　弓形体病的病理变化

本病的治疗以磺胺类药物和甲氧苄啶（TMP）联合应用为佳。可选用的配方有：

（1）磺胺嘧啶（SD）每千克体重70毫克，加TMP或二甲氧苄啶（DVD）每千克体重14毫克，每日口服2次，连用3—4天。

（2）磺胺甲氧吡嗪（SMPZ）每千克体重30毫克，加TMP每千克体重10毫克，每日口服1次，连用3—4天。

（3）12%复方磺胺甲氧吡嗪[SMPX(5)∶TMP(1)]注射，每千克体重50—60毫克，每日肌内注射1次，连用4次。

（4）磺胺-6-甲氧嘧啶（SMM，又名DS-36）每千克体重60—100毫克，单独口服或配合TMP每千克体重14毫克口服，每日1次，连用4次，首次倍量。

预防弓形体病应严禁在猪舍内养猫，并防止猫进入猪舍，严防猪饲料和饮用水接触猫粪。大部分消毒药物对卵囊无效，但可用蒸气和加热等方法杀灭卵囊。勿用未经煮熟的屠宰废弃物作为猪饲料。病猪场和疫点的猪也可用SMM或配合TMP连用7天进行药物预防。

四、猪疥螨病

猪疥螨病是因疥螨科、疥螨属的猪疥螨寄生于猪的皮肤内而引起的体表寄生虫病，以皮肤发生红点、脓疱、结痂、龟裂、剧痒、全身衰竭和高度接触性传染为特征。感染本病后影响生长发育，严重的会引起死亡。本病呈世界性分布。

猪疥螨虫体很小，为0.3—0.5毫米，肉眼勉强可见。疥螨的发育需经过虫卵、幼虫、若虫和成虫4个阶段，会寄生于宿主皮肤的深层内并挖掘穴道，以宿主皮肤的组织液和渗出的淋巴液为营养。雌雄交配后3—4天产卵，不久雄虫死亡，雌虫可在隧道中存活4—5周，每条雌虫一生可产40—50个虫卵。虫卵孵化出幼虫，幼虫爬到皮肤表面，在毛间的皮肤上开凿小穴，在里面蜕化为若虫。若虫钻入皮肤中挖掘狭而浅的穴道，并在里面蜕化为成虫。整个发育过程需8—22天，平均为15天。

本病是猪常见的皮肤病，多发于仔猪，病情较为严重。随年龄增长，猪的抗螨力也随之增加，1—3.5月龄仔猪检查阳性率为80%。本病的传染源是感染疥螨但尚未出现症状或感染后在较长时间内不表现症状的带虫猪。其传播途径主要是通过健康猪与病猪的直接接触或接触被污染的环境而感染，乳猪常因吃奶接触带虫母猪的皮肤而被传染。

本病多发于秋冬及初春季节，因为这个时期缺乏阳光，猪体毛长而厚，冬季天气寒冷，门窗关严，通风较差，猪只又多挤在一起，皮肤温度升高，或是秋季和早春下雨天气，舍内湿度增大，皮肤湿度也随之增大，这些环境都有利于猪疥螨的发育、繁殖和蔓延，从而引起猪疥螨的发生和流行。饲养管理和卫生条件差的猪场更易发生本病。

本病多发于5月龄以下的猪。病猪会靠在各种物体上如饲槽、墙壁、栏杆、树木、石头等不断蹭痒，用力摩擦，最初皮屑和被毛脱落，之后皮肤潮红，浆液性浸润，甚至出血，形成痂皮。通常病变开始发生于头部、眼窝、颊及耳部，之后蔓延到颈部、肩部、背部、躯干两侧和四肢。皮肤增厚，粗糙变硬，失去弹性，形成皱褶和龟裂。猪只感染本病后会严重影响采食和休息，致使猪只营养不良，逐渐消瘦，发育受阻和停滞，成为"僵猪"，甚至发生死亡。

根据本病多发于秋冬和春初季节，根据在阴暗潮湿环境以及临床上表现剧痒与皮肤炎症等特点可做出初步判断，确诊要依靠实验室检验。

治疗猪疥螨病可采取涂药和药浴两种方法。在寒冷季节，若病猪少、患部面积小，则可采用涂药疗法。在温暖季节，若病猪多、患病面积大，则可采用药浴疗法。治疗的药物有敌百虫、双甲脒、辛硫磷、蝇毒磷、伊维菌素、多拉菌素、二嗪农（又称"地亚农"）、15%碘酊、5%溴氰菊酯乳油、巴胺磷，也可使用废机油、柴油、猪油、花生油或其他油脂涂擦病猪皮肤。伊维菌素按每千克体重0.3毫克注射，1个月内对猪群进行3次皮下注射，猪舍用杀螨药喷洒，可根除本病。

发病的猪场要重复用药，并加强饲养管理，因大多数药物对虫卵没有杀灭作用，必须治疗2—3次，每次间隔5天，以便杀死新孵出的幼虫。同时要加强环境消毒，防止病原体散布，还要注意场地、工具及工作人员衣服和鞋的消毒。保持猪舍干燥，通风良好，光线充足。

规模化猪场
主要疫病防治技术
GUIMOHUA ZHUCHANG
ZHUYAO YIBING
FANGZHI JISHU

ISBN 978-7-5739-1576-4

定价：28.00元